国家电网
STATE GRID

U0655420

国家电网公司
生产技能人员职业能力培训通用教材
电力安全生产及防护

国家电网公司人力资源部　组编

张本贤　主编

中国电力出版社
CHINA ELECTRIC POWER PRESS

内 容 提 要

    《国家电网公司生产技能人员职业能力培训教材》是按照国家电网公司生产技能人员标准化培训课程体系的要求，依据《国家电网公司生产技能人员职业能力培训规范》（简称《培训规范》），结合生产实际编写而成。

    本套教材作为《培训规范》的配套教材，共 72 册。本册为通用教材的《电力安全生产及防护》，全书共九章、55 个模块，主要内容包括电力安全法律法规，电气安全工器具的使用和管理规定，安全防护技术及应用，触电伤害与现场急救，电力建设安全技术，电气设备倒闸操作票的填写，电气设备倒闸操作票的使用与管理规定，电气工作票的填写，电气工作票使用及管理规定等。

    本书是供电企业生产技能人员的培训教学用书，也可以作为电力职业院校教学参考书。

图书在版编目（CIP）数据

电力安全生产及防护/国家电网公司人力资源部组编. —北京：中国电力出版社，2010.5（2022.7重印）
  国家电网公司生产技能人员职业能力培训通用教材
  ISBN 978–7–5083–9626–2

  Ⅰ. 电… Ⅱ. 国… Ⅲ. 电力工业–安全生产–技术培训–教材 Ⅳ. TM08

  中国版本图书馆 CIP 数据核字（2009）第 197636 号

中国电力出版社出版、发行
（北京市东城区北京站西街 19 号 100005 http://www.cepp.sgcc.com.cn）
北京九州迅驰传媒文化有限公司印刷
各地新华书店经售
*
2010 年 5 月第一版 2022 年 7 月北京第十三次印刷
710 毫米×980 毫米 16 开本 12.25 印张 224 千字
印数 51001—51500 册 定价 **49.00** 元

《国家电网公司生产技能人员职业能力培训通用教材》

编 委 会

主　　　任　刘振亚

副　主　任　郑宝森　陈月明　舒印彪　曹志安　栾　军
　　　　　　李汝革　潘晓军

成　　　员　许世辉　王凤雷　张启平　王相勤　孙吉昌
　　　　　　王益民　张智刚　王颖杰

编写组组长　许世辉

副　组　长　方国元　张辉明　崔继纯

成　　　员　张本贤　安玉红　鲁　彦　鞠宇平　倪　春
　　　　　　江振宇　李群雄　曹爱民　李跃春　雷　岩
　　　　　　曹　晖

前　言

为大力实施"人才强企"战略，加快培养高素质技能人才队伍，国家电网公司按照"集团化运作、集约化发展、精益化管理、标准化建设"的工作要求，充分发挥集团化优势，组织公司系统一大批优秀管理、技术、技能和培训教学专家，历时两年多，按照统一标准，开发了覆盖电网企业输电、变电、配电、营销、调度等 34 个职业种类的生产技能人员系列培训教材，形成了国内首套面向供电企业一线生产人员的模块化培训教材体系。

本套培训教材以《国家电网公司生产技能人员职业能力培训规范》（Q/GDW 232—2008）为依据，在编写原则上，突出以岗位能力为核心；在内容定位上，遵循"知识够用、为技能服务"的原则，突出针对性和实用性，并涵盖了电力行业最新的政策、标准、规程、规定及新设备、新技术、新知识、新工艺；在写作方式上，做到深入浅出，避免烦琐的理论推导和论证；在编写模式上，采用模块化结构，便于灵活施教。

本套培训教材包括通用教材和专用教材两类，共 72 个分册、5018 个模块，每个培训模块均配有详细的模块描述，对该模块的培训目标、内容、方式及考核要求进行了说明。其中：通用教材涵盖了供电企业多个职业种类共同使用的基础知识、基本技能及职业素养等内容，包括《电工基础》、《电力生产安全及防护》等 38 个分册、1705 个模块，主要作为供电企业员工全面系统学习基础理论和基本技能的自学教材；专用教材涵盖了相应职业种类所有的专业知识和专业技能，按职业种类单独成册，包括《变电检修》、《继电保护》等 34 个分册、3313 个模块，根据培训规范职业能力要求，Ⅰ、Ⅱ、Ⅲ三个级别的模块分别作为供电企业生产一线辅助作业人员、熟练作业人员和高级作业人员的岗位技能培训教材。

本套培训教材的出版是贯彻落实国家人才队伍建设总体战略，充分发挥企业培养高技能人才主体作用的重要举措，是加快推进国家电网公司发展方式和电网发展方式转变的具体实践，也是有效开展电网企业教育培训和人才培养工作的重要基础，必将对改进生产技能人员培训模式，推进培训工作由理论灌输向能力培养转型，提高培训的针对性和有效性，全面提升员工队伍素质，保证电网安全稳定运行、支撑和促进国家电网公司可持续发展起到积极的推动作用。

本册为通用教材部分的《电力安全生产及防护》，由东北电网有限公司具体组织编写。

全书第一章，第五章模块7，第六章至第九章由东北电网有限公司安玉红编写；第二章至第四章，第五章模块1至模块6由东北电网有限公司鲁彦编写。全书由东北电网有限公司张本贤担任主编。湖北省电力公司刘敦义担任主审，湖北省电力公司乔新国、吴永红参审。

由于编写时间仓促，难免存在疏漏之处，恳请各位专家和读者提出宝贵意见，使之不断完善。

国家电网公司
STATE GRID
CORPORATION OF CHINA

国家电网公司
生产技能人员职业能力培训通用教材

目　录

第一章 电力安全生产法律法规

模块 1 国家电网公司电力安全工作规程
（线路部分）（TYBZ03101001）

【模块描述】本模块包含电力线路安全工作的组织措施和技术措施、线路运行和维护等内容。通过条文解释及归纳提炼，掌握《电力安全工作规程》中线路部分的相关内容。

【正文】

一、电力线路安全工作的组织措施

（一）现场勘察制度

（1）进行电力线路施工作业或工作票签发人和工作负责人认为有必要现场勘察的施工（检修）作业，施工、检修单位均应根据工作任务组织现场勘察，并填写现场勘察记录。现场勘察由工作票签发人组织。

（2）现场勘察应查看现场施工（检修）作业需要停电的范围、保留的带电部位和作业现场的条件、环境及其他危险点等。

（3）根据现场勘察结果，对危险性、复杂性和困难程度较大的作业项目，应编制组织措施、技术措施、安全措施，经本单位分管生产领导（总工程师）批准后执行。

（二）工作票制度

（1）在电力线路上工作，应填用电力线路第一种工作票、电力电缆第一种工作票、电力线路第二种工作票、电力电缆第二种工作票、电力线路带电作业工作票、电力线路事故应急抢修单、口头或电话命令。

（2）填用第一种工作票的工作：在停电的线路或同杆（塔）架设多回线路中的部分停电线路上的工作、在全部或部分停电的配电设备上的工作、高压电力电缆停电的工作、在直流线路停电时的工作、在直流接地极线路或接地极上的工作。

（3）填用第二种工作票的工作：带电线路杆塔上且与带电导线最小安全距离不小于有关规定的工作、在运行中的配电设备上的工作、电力电缆不需停电的工作、直流线路上不需要停电的工作、直流接地极线路上不需要停电的工作。

（4）工作票的填写与签发。承发包工程中，工作票可实行"双签发"形式。签发工作票时，双方工作票签发人在工作票上分别签名，各自承担本规程工作票签发人相应的安全责任。

（三）工作许可制度

（1）许可开始工作的命令，应通知工作负责人。

（2）禁止约时停、送电。

（3）若停电线路作业还涉及其他单位配合停电的线路时，工作负责人应在得到指定的配合停电设备运行管理单位联系人通知这些线路已停电和接地，并履行工作许可书面手续后，才可开始工作。

（四）工作监护制度

（1）完成工作许可手续后，工作负责人、专责监护人应向工作班成员交代工作内容、人员分工、带电部位和现场安全措施、进行危险点告知，并履行确认手续，装完工作接地线后，工作班方可开始工作。工作负责人、专责监护人应始终在工作现场，对工作班人员的安全进行认真监护，及时纠正不安全的行为。

（2）工作票签发人和工作负责人对有触电危险、施工复杂容易发生事故的工作，应增设专责监护人和确定被监护的人员。

（五）工作间断制度

填用数日内工作有效的第一种工作票，每日收工时如果将工作地点所装的接地线拆除，次日恢复工作前应重新验电挂接地线。如果经调度允许的连续停电、夜间不送电的线路，工作地点的接地线可以不拆除，但次日恢复工作前应派人检查。

（六）工作终结和恢复送电制度

（1）完工后，工作负责人（包括小组负责人）应检查线路检修地段的状况，确认在杆塔上、导线上、绝缘子串上及其他辅助设备上没有遗留的个人保安线、工具、材料等，查明全部工作人员确由杆塔上撤下后，再命令拆除工作地段所挂的接地线。接地线拆除后，应即认为线路带电，不准任何人再登杆进行工作。

（2）工作许可人在接到所有工作负责人（包括用户）的完工报告，并确认全部工作已经完毕，所有工作人员已由线路上撤离，接地线已经全部拆除，与记录簿核对无误并作好记录后，方可下令拆除各侧安全措施，向线路恢复送电。

二、电力线路安全工作的技术措施

（一）停电

（1）进行线路停电作业前，应做好有关安全措施。

（2）停电设备的各端，应有明显的断开点，若对无法观察到停电设备的断开点，应有能够反映设备运行状态的电气和机械等指示。

（二）验电

（1）在停电线路工作地段装接地线前，要先验电，验明线路确无电压。

直流线路和 330kV 及以上的线路，可使用合格的绝缘棒或专用的绝缘绳验电。

（2）验电前，应先在有电设备上进行试验，确认验电器良好；无法在有电设备上进行试验时，可用工频高压发生器等确证验电器良好。

（3）对无法进行直接验电的设备、高压直流输电设备和雨雪天气时的户外设备，可以进行间接验电。

（4）对同杆塔架设的多层电力线路进行验电时，先验低压、后验高压，先验下层、后验上层，先验近侧、后验远侧。线路的验电应逐相进行。

（三）装设接地线

（1）线路经验明确无电压后，应立即装设接地线并三相短路（直流线路两极接地线分别直接接地）。

各工作班工作地段各端和有可能送电到停电线路的分支线（包括用户）都要验电、装设工作接地线。直流接地极线路，作业点两端应装设接地线。

（2）同杆塔架设的多层电力线路挂接地线时，应先挂低压、后挂高压，先挂下层、后挂上层，先挂近侧、后挂远侧。拆除时次序相反。

（3）接地线应使用专用的线夹固定在导体上，禁止用缠绕的方法进行接地或短路。

（4）电缆及电容器接地前应逐相充分放电。

（四）使用个人保安线

（1）个人保安线应在杆塔上接触或接近导线的作业开始前挂接，作业结束脱离导线后拆除。装设时，应先接接地端，后接导线端，且接触良好，连接可靠。拆个人保安线的顺序与此相反。

（2）禁止以个人保安线代替接地线。

（五）悬挂标示牌和装设遮栏（围栏）

（1）在一经合闸即可送电到工作地点的断路器、隔离开关的操作处，均应悬挂"禁止合闸，线路有人工作！"的标示牌。

（2）在城区或人口密集区地段或交通道口和通行道路上施工时，工作场所周围应装设遮栏（围栏），并在相应部位装设标示牌。必要时，派专人看管。

（3）高压配电设备做耐压试验时应在周围设围栏，围栏上应向外悬挂适当数量的"止步，高压危险！"标示牌。禁止工作人员在工作中移动或拆除围栏和标示牌。

三、线路运行和维护

（一）线路巡视攀登电杆和铁塔

（1）雷雨、大风天气或事故巡线，巡视人员应穿绝缘鞋或绝缘靴；汛期、暑天、雪天等恶劣天气和山区巡线应配备必要的防护工具、自救器和药品；夜间巡线应携带足够的照明工具。

（2）夜间巡线应沿线路外侧进行；大风时，巡线应沿线路上风侧前进，以免万一触及断落的导线；特殊巡视应注意选择路线，防止洪水、塌方、恶劣天气等对人的伤害。巡线时禁止泅渡。

事故巡线应始终认为线路带电。

（3）巡线人员发现导线、电缆断落地面或悬吊空中，应设法防止行人靠近断线地点 8m 以内，并迅速报告调度和上级，等候处理。

（4）巡视检查配电设备时，不得越过遮栏或围墙。

（二）测量工作

（1）直接接触设备的电气测量工作，至少应由两人进行，一人操作，一人监护。夜间进行测量工作，应有足够的照明。

（2）杆塔、配电变压器和避雷器的接地电阻测量工作，可以在线路和设备带电的情况下进行。解开或恢复配电变压器和避雷器的接地引线时，应戴绝缘手套。禁止直接接触与地断开的接地线。

（3）测量低压线路和配电变压器低压侧的电流时，可使用钳形电流表。应注意不触及其他带电部分，以防相间短路。

（4）带电线路导线的垂直距离（导线弛度、交叉跨越距离），可用测量仪或使用绝缘测量工具测量。禁止使用皮尺、普通绳索、线尺等非绝缘工具进行测量。

（三）砍剪树木

（1）在线路带电情况下，砍剪靠近线路的树木时，工作负责人应在工作开始前，向全体人员说明：电力线路有电，人员、树木、绳索应与导线保持规定的安全距离。

（2）砍剪树木时，应防止马蜂等昆虫或动物伤人。上树时，不应攀抓脆弱和枯死的树枝，并应使用安全带。

（3）砍剪树木应有专人监护。待砍剪的树木下面和倒树范围内不准有人逗留，城区、人口密集区应设置围栏，防止砸伤行人。为防止树木（树枝）倒落在导线上，应设法用绳索将其拉向与导线相反的方向。

（4）树枝接触或接近高压带电导线时，应将高压线路停电或用绝缘工具使树枝远离带电导线至安全距离。此前禁止人体接触树木。

【思考与练习】

1. 简述电力线路安全工作的组织措施。

2. 简述电力线路安全工作的技术措施。

3. 简述装设接地线的注意事项。

4. 简述测量工作中的注意事项。

5. 简述砍剪树木中的注意事项。

模块 2 国家电网公司电力安全工作规程（变电部分）(TYBZ03101002)

【模块描述】本模块包含高压设备巡视的基本要求、保证安全的组织措施和技术措施、线路作业时变电所和发电厂的安全措施、在六氟化硫电气设备上的工作、在二次回路上的工作、高压试验等内容。通过条文解释及归纳提炼，掌握《电力安全工作规程》中变电部分的相关内容。

【正文】

一、高压设备巡视的基本要求

（1）经本单位批准允许单独巡视高压设备的人员巡视高压设备时，不准进行其他工作，不准移开或越过遮栏。

（2）雷雨天气，需要巡视室外高压设备时，应穿绝缘靴，并不准靠近避雷器和避雷针。

（3）高压设备发生接地时，室内不准接近故障点 4m 以内，室外不准接近故障点 8m 以内。进入上述范围人员应穿绝缘靴，接触设备的外壳和构架时，应戴绝缘手套。

二、电气设备上安全工作的组织措施

（一）工作票制度

（1）在电气设备上的工作，应填用变电站（发电厂）第一种工作票、电力电缆第一种工作票、变电站（发电厂）第二种工作票、电力电缆第二种工作票、变电站（发电厂）带电作业工作票、变电站（发电厂）事故应急抢修单。

（2）填用第一种工作票的工作为：

1）高压设备上工作需要全部停电或部分停电者。

2）二次系统和照明等回路上的工作，需要将高压设备停电者或做安全措施者。

3）高压电力电缆需停电的工作。

4）换流变压器、直流场设备及阀厅设备需要将高压直流系统或直流滤波器停用者。

5）直流保护装置、通道和控制系统的工作，需要将高压直流系统停用者。

6）换流阀冷却系统、阀厅空调系统、火灾报警系统及图像监视系统等工作，需要将高压直流系统停用者。

（3）填用第二种工作票的工作为：

1）控制盘和低压配电盘、配电箱、电源干线上的工作。

2）二次系统和照明等回路上的工作，无需将高压设备停电者或做安全措施者。

3）转动中的发电机、同期调相机的励磁回路或高压电动机转子电阻回路上的工作。

4）非运行人员用绝缘棒和电压互感器定相或用钳型电流表测量高压回路的电流。

5）大于规定距离的相关场所和带电设备外壳上的工作以及无可能触及带电设备导电部分的工作。

6）高压电力电缆不需停电的工作。

7）换流变压器、直流场设备及阀厅设备上工作，无需将直流单、双极或直流滤波器停用者。

8）直流保护控制系统的工作，无需将高压直流系统停用者。

9）换流阀水冷系统、阀厅空调系统、火灾报警系统及图像监视系统等工作，无需将高压直流系统停用者。

（4）工作票的填写与签发

1）承发包工程中，工作票可实行"双签发"形式。签发工作票时，双方工作票签发人在工作票上分别签名，各自承担本规程工作票签发人相应的安全责任。

2）第一种工作票所列工作地点超过两个，或有两个及以上不同的工作单位（班组）在一起工作时，可采用总工作票和分工作票，总、分工作票应由同一个工作票签发人签发。

（5）工作票的使用

1）一个工作负责人不能同时执行多张工作票，工作票上所列的工作地点，以一个电气连接部分为限。

2）一张工作票上所列的检修设备应同时停、送电，开工前工作票内的全部安全措施应一次完成。

3）同一变电站内在几个电气连接部分上依次进行不停电的同一类型的工作，可以使用一张第二种工作票。

4）在同一变电站内，依次进行的同一类型的带电作业可以使用一张带电作业工作票。

5）持线路或电缆工作票进入变电站或发电厂升压站进行架空线路、电缆等工作，应增填工作票份数，由变电站或发电厂工作许可人许可，并留存。

6）需要变更工作班成员时，应经工作负责人同意，在对新的作业人员进行安全交底手续后，方可进行工作。

7）在原工作票的停电及安全措施范围内增加工作任务时，应由工作负责人征得工作票签发人和工作许可人同意，并在工作票上增填工作项目。

8）变更工作负责人或增加工作任务，如工作票签发人无法当面办理，应通过电话联系，并在工作票登记簿和工作票上注明。

模块2　TYBZ03101002

9）第一种工作票应在工作前一日送达运行人员，可直接送达或通过传真、局域网传送，但传真传送的工作票许可应待正式工作票到达后履行。

10）工作票有破损不能继续使用时，应补填新的工作票，并重新履行签发许可手续。

（二）工作许可制度

（1）工作许可人在完成施工现场的安全措施后，还应完成以下手续，工作班方可开始工作：

1）会同工作负责人到现场再次检查所做的安全措施，对具体的设备指明实际的隔离措施，证明检修设备确无电压。

2）对工作负责人指明带电设备的位置和注意事项。

（2）工作负责人、工作许可人任何一方不得擅自变更安全措施。

（三）工作监护制度

（1）工作票许可手续完成后，工作负责人、专责监护人应向工作班成员交代工作内容、人员分工、带电部位和现场安全措施，进行危险点告知，并履行确认手续，工作班方可开始工作。

（2）工作票签发人或工作负责人，应根据现场的安全条件、施工范围、工作需要等具体情况，增设专责监护人和确定被监护的人员。

（3）工作期间，工作负责人若因故暂时离开工作现场时，应指定能胜任的人员临时代替，离开前应将工作现场交代清楚，并告知工作班成员。原工作负责人返回工作现场时，也应履行同样的交接手续。

（四）工作间断、转移和终结制度

（1）工作间断时，工作班人员应从工作现场撤出，所有安全措施保持不动，工作票仍由工作负责人执存，间断后继续工作，无需通过工作许可人。每日收工，应清扫工作地点，开放已封闭的通路，并将工作票交回运行人员。次日复工时，应得到工作许可人的许可，取回工作票，工作负责人应重新认真检查安全措施是否符合工作票的要求，并召开现场站班会后，方可工作。

（2）待全体工作人员撤离工作地点后，再向运行人员交待所修项目、发现的问题、试验结果和存在问题等，并与运行人员共同检查设备状况、状态，有无遗留物件，是否清洁等，然后在工作票上填明工作结束时间。经双方签名后，表示工作终结。

（3）只有在同一停电系统的所有工作票都已终结，并得到值班调度员或运行值班负责人的许可指令后，方可合闸送电。

三、电气设备上安全工作的技术措施

（一）停电

（1）检修设备停电，应把各方面的电源完全断开（任何运用中的星形接线设备的中性点，应视为带电设备）。禁止在只经断路器（开关）断开电源或只经换流器闭锁隔离电源的设备上工作。

（2）检修设备和可能来电侧的断路器（开关）、隔离开关（刀闸）应断开控制电源和合闸电源，隔离开关（刀闸）操作把手应锁住，确保不会误送电。

（二）验电

（1）验电时，应使用相应电压等级、合格的接触式验电器，在装设接地线或合接地刀闸（装置）处对各相分别验电。

（2）对无法进行直接验电的设备高压直流输电设备和雨雪天气时的户外设备，可以进行间接验电。

（3）表示设备断开和允许进入间隔的信号、经常接入的电压表等，如果指示有电，则禁止在设备上工作。

（三）接地

（1）当验明设备确已无电压后，应立即将检修设备接地并三相短路。电缆及电容器接地前应逐相充分放电，星形接线电容器的中性点应接地，串联电容器及与整组电容器脱离的电容器应逐个放电，装在绝缘支架上的电容器外壳也应放电。

（2）对于可能送电至停电设备的各方面都应装设接地线或合上接地刀闸（装置），所装接地线与带电部分应考虑接地线摆动时仍符合安全距离的规定。

（四）悬挂标示牌和装设遮栏（围栏）

（1）在一经合闸即可送电到工作地点的断路器（开关）和隔离开关（刀闸）的操作把手上，均应悬挂"禁止合闸，有人工作！"的标示牌。

（2）在室内高压设备上工作，应在工作地点两旁及对面运行设备间隔的遮栏（围栏）上和禁止通行的过道遮栏（围栏）上悬挂"止步，高压危险！"的标示牌。

（3）在室外高压设备上工作，应在工作地点四周装设围栏，其出入口要围至临近道路旁边，并设有"从此进出！"的标示牌。工作地点四周围栏上悬挂适当数量的"止步，高压危险！"标示牌，标示牌应朝向围栏里面。

（4）在室外构架上工作，则应在工作地点邻近带电部分的横梁上，悬挂"止步，高压危险！"的标示牌。

四、在六氟化硫电气设备上的工作

（1）工作人员进入 SF_6 配电装置室，入口处若无 SF_6 气体含量显示器，应先通风 15min，并用检漏仪测量 SF_6 气体含量合格。

（2）设备解体检修前，应对 SF_6 气体进行检验。根据有毒气体的含量，采取安全防护措施。检修人员需穿着防护服并根据需要配戴防毒面具或正压式空气呼吸器。

五、二次系统上的工作

（1）二次回路通电或耐压试验前，应通知运行人员和有关人员，并派人到现场看守，检查二次回路及一次设备上确无人工作后，方可加压。

（2）继电保护装置、安全自动装置和自动化监控系统的二次回路变动时，应按经审批后的图纸进行，无用的接线应隔离清楚，防止误拆或产生寄生回路。

六、高压试验

（1）试验装置的金属外壳应可靠接地。

（2）加压前应认真检查试验接线，使用规范的短路线，表计倍率、量程、调压器零位及仪表的开始状态均正确无误，经确认后，通知所有人员离开被试设备，并取得试验负责人许可，方可加压。

【思考与练习】

1. 简述工作监护制度的具体内容。

2. 简述工作间断、转移和终结制度的具体内容。

3. 简述二次系统工作的注意事项。

模块 3 架空送电线路现场运行规程（TYBZ03101003）

模块 3
TYBZ03101003

【模块描述】本模块包含架空送电线路现场运行的引用标准、基本要求、运行标准、巡视、检测、维修、抢修、送电线路的缺陷管理、特殊区段的运行要求等内容。通过条文解释及归纳提炼，掌握《架空送电线路现场运行规程》的相关内容。

【正文】

一、引用标准

GBJ 233—1990《电气装置安装工程 110～500kV 架空送电线路施工及验收规范》、GB/T 16434—1996《高压架空线路和发电厂、变电所环境污区分级及外绝缘选择标准》、《国家电网公司电力安全工作规程（线路部分）》、《电力生产事故调查规程》、DL/T 5092—1999《110～500kV 架空送电线路设计技术规程》、DL/T 741—2001《架空送电线路运行规程》等。

二、基本要求

（1）绝缘子爬电比距的配置必须依据《高压架空线路和发电厂、变电所环境污区分级及外绝缘选择标准》的规定，按照有关公司审定后的污区分布图进行，并适当提高绝缘水平。

（2）500kV 架空送电线路必须装设准确的线路故障测距、定位装置。

三、运行标准

设备运行状况超过下述各条标准或出现下述各种不应出现的情况时，应进行处理。

（一）杆塔与基础

（1）铁塔主材相邻结点间弯曲度超过 0.2%；

（2）拉线棒锈蚀后直径减少 2～4mm；

（3）镀锌钢绞线拉线断股，镀锌层锈蚀、脱落。

（二）导线与地线

（1）导、地线由于断股、损伤减少截面的处理标准依据有关规定；

（2）导、地线表面腐蚀、外层脱落或呈疲劳状态，应取样进行强度试验。

（三）绝缘子

（1）瓷质绝缘子伞裙破损，瓷质有裂纹，瓷釉烧坏；

（2）玻璃绝缘子自爆或表面有闪络痕迹；

（3）合成绝缘子伞裙、护套破损或龟裂，粘接剂老化；

（4）绝缘子钢帽、绝缘件、钢脚不在同一轴线上，钢脚、钢帽、浇装水泥有裂纹、歪斜、变形或严重锈蚀，钢脚与钢帽槽口间隙超标；

（5）直线杆塔的绝缘子串顺线路方向的偏斜角（除设计要求的预偏外）大于 7.5℃，且其最大偏移值大于 300mm。

（四）金具

（1）金具发生变形、锈蚀、烧伤、裂纹，金具连接处转动不灵活，磨损后的安全系数小于 2.0（即低于原值的 80%）；

（2）防振锤、阻尼线、间隔棒等防振金具发生位移；

（3）屏蔽环、均压环出现倾斜与松动；

（4）接续金具出现不合格情况。

（五）接地装置出现不合格情况

（六）导、地线弧垂超过允许偏差最大值

四、巡视

（1）为弥补地面巡视的不足，应采用登杆塔检查或乘飞机巡视等方式，应开展登塔、走导线检查工作。

（2）线路发生故障时，应及时组织故障巡视，必要时需登杆塔检查。发现故障点后应及时报告，重大事故应设法保护现场。

（3）要建立巡视专责制，每条线路每段都要有专人定期进行巡视。

（4）对巡线员要求

1）除正常进行线路巡视外，还应负责处理铁塔地面上 2m 以下的小型缺陷。

2）每巡视完一基塔后，要对所发现的问题及缺陷做好详细记录。

（5）巡视的主要内容

1）检查杆塔、拉线和基础有无缺陷和运行情况的变化。

2）检查导线、地线有无缺陷和运行情况的变化。

3）检查绝缘子、金具有无缺陷和运行情况的变化。

4）检查防雷设施和接地装置有无缺陷和运行情况的变化。

五、检测

检测方法应正确可靠、数据准确，检测结果要做好记录和统计分析。

六、维修

（1）维修项目应按照设备状况，巡视、检测的结果和反事故措施的要求确定。

（2）维修工作应遵守有关检修工艺要求及质量标准。

七、抢修

抢修队要根据线路的运行特点研究制订不同方式的抢修预案，抢修预案要经过专责工程师审核并经总工程师的审定批准，批准后的抢修预案要尽早贯彻到抢修队各工作组，使抢修队员每人都清楚预案中的每一项工作环节，以备抢修时灵活应用。

八、送电线路的缺陷管理

（1）巡线员发现设备缺陷要及时准确地填写缺陷单并报班长。班长接到缺陷单后，要及时进行缺陷分类，重要缺陷和紧急缺陷要加盖"重要缺陷"和"紧急缺陷"章，交给班组技术员。

（2）班组技术员接到缺陷单后要按线、分类将缺陷内容填入《缺陷记录簿》，并根据缺陷类别提出处理意见和处理日期，上报工区运行专工。

（3）工区运行专工要对缺陷单进行验审、确认，提出处理意见，将一般缺陷发回上报班组自行处理，重要缺陷与工区主任研究处理方案并上报有关部门生产调度备案。

九、特殊区段的运行要求

（一）重污区

污闪季节前，应确定污秽等级、检查防污闪措施的落实情况，污秽等级与爬电比距不相适应时，应及时调整绝缘子串的爬电比距、调整绝缘子类型或采取其他有效的防污闪措施，线路上的零（低）值绝缘子应及时更换。

（二）重冰区

覆冰季节前应对线路做全面检查，消除设备缺陷，落实除冰、融冰和防止导线、地线跳跃、舞动的措施，检查各种观测、记录设施，并对融冰装置进行检查、试验，确保必要时能投入使用。

【思考与练习】

1. 简述对巡视员的基本要求。

2. 简述送电线路的缺陷管理。

3. 简述特殊区段的运行要求。

模块3

TYBZ0310101003

第二章　电力安全工器具的使用和管理规定

模块 1　安全工器具的正确使用和管理规定（TYBZ03102001）

【模块描述】本模块包含安全工器具的使用、分类、管理职责、购置及验收规定。通过安全工器具的管理职责规定的解释，熟悉安全工器具的管理职责及有关规定。

【正文】

为了保证员工在生产活动中的人身安全，确保电力安全工器具的产品质量和安全使用，规范电力安全工器具的管理，根据《国家电网公司电力安全工器具管理规定（试行）》的有关规定，结合公司系统的实际，介绍安全工器具的有关内容。

一、安全工器具的作用

安全工器具是用于防止触电、灼伤、高空坠落、摔跌、物体打击等人身伤害，保障操作者在工作时人身安全的各种专门用具和器具。在电力系统中，为了顺利完成任务而又不发生人身事故，操作者必须携带和使用各种安全用具。如对运行中的电气设备进行巡视、改变运行方式、检修试验时，需要采用电气安全用具；在线路施工中，需要使用登高安全用具；在带电的电气设备上或邻近带电设备的地方工作时，为了防止触电或被电弧灼伤，需使用绝缘安全用具等。

二、安全工器具的分类

安全工器具可分绝缘安全工器具、一般防护安全工器具、安全围栏（网）和标示牌三大类。绝缘安全工器具又分为基本安全工器具和辅助安全工器具两种。本节主要介绍绝缘安全工器具和一般防护安全工器具。

1. 绝缘安全工器具

（1）基本绝缘安全工器具是指能直接操作带电设备、接触或可能接触带电体的工器具，如电容型验电器、绝缘杆、绝缘隔板、绝缘罩、携带型短路接地线、个人保安接地线、核相器等。

（2）辅助绝缘安全工器具是指绝缘强度不是承受设备或线路的工作电压，只是用于加强基本绝缘安全工器具的保安作用，用以防止接触电压、跨步电压、泄漏电流电弧对操作人员的伤害，不能用辅助绝缘安全工器具直接接触高压设备带电部分。属于这一类的安全工器具有绝缘手套、绝缘靴（鞋）、绝缘胶垫等。

2．一般防护安全工器具（一般防护用具）

是指防护工作人员发生事故的工器具，如安全帽、安全带、梯子、安全绳、脚扣、防静电服（静电感应防护服）、防电弧服、导电鞋（防静电鞋）、安全自锁器、速差自控器、防护眼镜、过滤式防毒面具、正压式消防空气呼吸器、SF$_6$气体检漏仪、氧量测试仪、耐酸手套、耐酸服及耐酸靴等。

3．安全标示牌

包括各种安全警告牌、设备标示牌等（将在第三章第 1 个模块叙述）。

三、安全工器具管理办法

各单位应制订安全工器具的管理细则，明确分工，落实责任，对安全工器具实施全过程管理。

（一）管理职责

1．公司安全监察部是安全工器具归口管理部门

其主要职责：

（1）负责制订本企业的安全工器具管理制度。

（2）负责编制安全工器具购置计划，并付诸实施。

（3）单位安监部门负责本单位安全工器具的选型、选厂（在上级公布的名单内选择）。

（4）负责监督检查安全工器具的购置、验收、试验、使用、保管和报废工作。

（5）每半年对各车间安全工器具进行抽查，所有检查均要做好记录。

2．车间管理职责

（1）车间应制订安全工器具管理职责、分工和工作标准。

（2）车间安全员是管理安全工器具的兼责人，负责制订、申报安全工器具的订购、配置、报废计划；组织、监督检查安全工器具的定期试验、保管、使用等工作；督促指导班组开展安全工器具的培训工作。

（3）车间应建立安全工器具台账，并抄报安监部门。

（4）车间每季对所辖班组安全工器具检查一次，所有检查均要做好记录。

3．班组、站、所管理职责

（1）各班组、站、所应建立安全工器具管理台账，做到账、卡、物相符，试验报告、检查记录齐全。

（2）公用安全工器具设专人保管，保管人应定期进行日常检查、维护、保养。

发现不合格或超试验周期的应另外存放，做出不准使用的标志，停止使用。个人安全工器具自行保管。安全工器具严禁它用。

（3）对工作人员进行安全培训，严格执行操作规定，正确使用安全工器具。不熟悉使用操作方法的人员不得使用安全工器具。

（4）班组每月对安全工器具全面检查一次，并对班组、车间、厂（局）等检查做好记录。

（二）安全工器具的购置及验收

安全工器具必须符合国家和行业有关安全工器具的法律、行政法规、规章、强制性标准及技术规程的要求。

1. 入围

网省公司、国家电网公司直属公司对电力安全工器具实行入围制度。

（1）电力工业电力安全工器具质量监督检验测试中心每年公布一次电力安全工器具生产厂家检验合格的产品名单。

（2）各网省公司、国家电网公司直属公司每年在电力工业电力安全工器具质量监督检验测试中心公布的电力安全工器具生产厂家检验合格的产品名单中，采取招标的方式确定公司系统内可以采购的电力安全工器具入围产品，并予以公布。

对于没有使用经验的新型安全工器具，在小范围试用基础上，组织有关专家评价后，方可参与招标入围。

（3）基层单位对入围产品，若发现质量、售后服务等问题，应及时向上级安监部门反映，查实后，将取消该产品入围资格，并向电力工业电力安全工器具质量监督检验测试中心通报。

基层单位必须在上级（网、省公司或国网直属公司）公布的入围产品名单中，选择业绩优秀、质量优良、服务优质且在本公司系统内具有一定使用经验、使用情况良好的产品，采取招标的方式购置所需的电力安全工器具。

2. 明确责任

采购安全工器具必须签订采购合同，并在合同中明确生产厂家的责任：

（1）必须对制造的安全工器具的质量和安全技术性能负责。

（2）负责对用户做好其产品使用、维护的培训工作。

（3）负责对有质量问题的产品，及时、无偿更换或退货。

（4）根据用户需要，向用户提供安全工器具的备品、备件。

（5）因产品质量问题造成的不良后果，由产品生产厂家承担相应的责任，并取消其同类产品的推荐资格。

3. 验收

电力安全工器具必须严格履行验收手续，由采购部门负责组织验收，安全监察部门派人参加，并在验收单上签字确认。合格者方可入库或交使用单位，不合格者坚决予以退货。

【思考与练习】

1. 安全工器具的管理职责是如何规定的？
2. 如何进行安全工器具的购置与验收？

模块 2　辅助安全用具的正确使用与管理
（TYBZ03102002）

【模块描述】本模块涉及绝缘手套、绝缘靴（鞋）、绝缘垫、绝缘台等辅助安全用具。通过辅助安全用具的形象化介绍，掌握辅助安全用具的正确管理和使用要求。

【正文】

一、绝缘手套

绝缘手套是在高压电气设备上进行操作时使用的辅助安全用具，如用来操作高压隔离开关、高压跌落式熔断器、油断路器等。在低压带电设备上工作时，把它作为基本安全用具使用，即使用绝缘手套可直接在低压设备上进行带电作业。绝缘手套可使人的两手与带电物绝缘，是防止同时触及不同极性带电体而触电的安全用品。

1. 绝缘手套

绝缘手套用特种橡胶制成，有 12kV 和 5kV 两种绝缘手套，且都是以其试验电压而命名的。绝缘手套每半年要试验一次。其外形如图 TYBZ03102002-1 所示。

2. 使用及保管注意事项

（1）每次使用前应进行外部检查，如发现有发黏、裂纹、破口（漏气）、气泡、发脆等损坏时禁止使用。检查方法是将手套朝手指方向卷曲，当卷到一定程度时，内部空气因体积减小、压力增大，手指鼓起，为不漏气者，即为良好。

（2）进行设备验电，倒闸操作，装拆接地线等工作应戴绝缘手套。使用绝缘手套时，里面最好戴上一双棉纱手套，这样夏天可防止出汗而操作不便，冬天可以保暖。戴手套时，应将上衣袖口套入手套筒口内。

（3）绝缘手套使用后应擦净、晾干，最好洒上一些滑石粉，以免粘连。

（4）绝缘手套应存放在干燥、阴凉的地方，并应倒置在指形支架上或存放在专

图 TYBZ03102002-1　绝缘手套

模块 2

TYBZ03102002

用的柜内，与其他工具分开放置，其上不得堆压任何物件。

（5）绝缘手套不得与石油类的油脂接触，合格与不合格的绝缘手套不能混放在一起，以免使用时拿错。

二、绝缘靴（鞋）

绝缘靴（鞋）的作用是使人体与地面绝缘。绝缘靴是高压操作时用来与地保持绝缘的辅助安全用具，而绝缘鞋用于 220～500kV 带电杆塔上及 330～500kV 带电设备区非带电作业时，为防止静电感应电压所穿用的鞋子，是由特种性能橡胶制成的。低压系统中，两者都可作为防护跨步电压的基本安全用具。

1. 绝缘靴

绝缘靴也是由特种橡胶制成的。绝缘靴通常不上漆，这是和涂有光泽黑漆的橡胶水靴在外观上所不同的。绝缘靴每半年要试验一次。如图 TYBZ03102002-2 所示。

2. 使用及保管注意事项

（1）雷雨天气或一次系统有接地时，巡视变电站室外高压设备应穿绝缘靴。使用绝缘靴时，应将裤管套入靴筒内，并要避免接触尖锐的物体，避免接触高温或腐蚀性物质，防止受到损伤。严禁将绝缘靴挪作

图 TYBZ03102002-2　绝缘靴

它用。

（2）为了使用方便，一般现场至少配备大、中号绝缘靴各两双，以便大家都有靴穿用。

（3）绝缘靴如试验不合格，则不能再穿用。

（4）绝缘靴使用前应检查：不得有外伤，无裂纹、无漏洞、无气泡、无毛刺、无划痕等缺陷。如发现有以上缺陷，应立即停止使用并及时更换。

（5）绝缘靴应存放在干燥、阴凉的地方，并应存放在专用的柜内，要与其他工具分开放置，其上不得堆压任何物件。

（6）不得与石油类的油脂接触，合格与不合格的绝缘靴（鞋）不能混放在一起，以免使用时拿错。

三、绝缘垫

绝缘垫的保安作用与绝缘靴基本相同，因此可把它视为是一种固定的绝缘靴。绝缘垫一般铺在配电装置室等地面上以及控制屏、保护屏和发电机、调相机的励磁机等端处，以便带电操作开关时，增强操作人员的对地绝缘，避免或减轻发生单相短路或电气设备绝缘损坏时，接触电压与跨步电压对人体的伤害。在低压配电室地面上铺绝缘垫，可代替绝缘鞋，起到绝缘作用。因此，在 1kV 及以下时，绝缘垫可作为基本安全用具；而在 1kV 以上时，仅作辅助安全用具。

1. 绝缘垫

绝缘垫也是由特种橡胶制成的，表面有防滑条纹或压花，有时也称它为绝缘毯。如图 TYBZ03102002-3 所示。

2. 使用及保管注意事项

（1）在使用过程中，应保持绝缘垫干燥、清洁，注意防止与酸、碱及各种油类物质接触，以免受腐蚀后老化、龟裂或变黏，降低其绝缘性能。

图 TYBZ03102002-3　绝缘毯

（2）绝缘垫应避免阳光直射或锐利金属划刺，存放时应避免与热源（暖气等）距离太近，以防急剧老化变质，绝缘性能下降。

（3）使用过程中要经常检查绝缘垫有无裂纹、划痕等，发现有问题时要立即禁用并及时更换。

四、绝缘台

绝缘台是一种用在任何电压等级的电力装置中作为带电工作时的辅助安全用具，其作用与绝缘垫、靴相同。

1. 绝缘台

绝缘台的台面用干燥、木纹直，且无节疤的木板或木条拼成，相邻板条留有一定的缝隙，以便于检查绝缘支持绝缘子是否有损坏。台面板四脚用绝缘支持绝缘子与地面绝缘并作台脚之用。如图 TYBZ03102002-4 所示。

图 TYBZ03102002-4　绝缘台

2. 使用及保管注意事项

（1）绝缘台多用于变电站和配电室内。如用于户外，应将其置于坚硬的地面，不应放在松软的地面或泥草中，以避免台脚陷入泥土中造成站台面触及地面而降低绝缘性能。

（2）绝缘台的台脚绝缘子应无裂纹、破损，木质台面要保持干燥清洁。

（3）绝缘台使用后应妥善保管，不得随意登、踩或作板凳坐用。

【思考与练习】

1. 绝缘手套使用和保管注意事项有哪些？

2. 绝缘靴（鞋）使用和保管注意事项有哪些？

3. 绝缘垫使用和保管注意事项有哪些？

4. 绝缘台使用和保管注意事项有哪些？

模块 3　基本安全用具的正确使用与管理
（TYBZ03102003）

【模块描述】本模块涉及电容型验电器、绝缘杆、绝缘隔板、绝缘罩、携带型短路接地线、个人保安接地线、核相器等基本绝缘安全用具。通过基本绝缘安全用具的形象化介绍，掌握基本绝缘安全用具的正确使用与保管要求。

【正文】

一、电容型验电器

电容型验电器是通过检测流过验电器对地杂散电容中的电流，检验高压电气设备、线路是否带有运行电压的装置。

验电器又称测电器、试电器或电压指示器，是检验电气设备、电器、导线上是否有电的一种专用安全用具。当每次断开电源进行检修时，必须先用它验明设备确实无电后，方可进行工作。

1. 电容型验电器的结构

电容型验电器一般由接触电极、验电指示器、连接件、绝缘杆和护手环等组成。其结构如图 TYBZ03102003-1 所示。

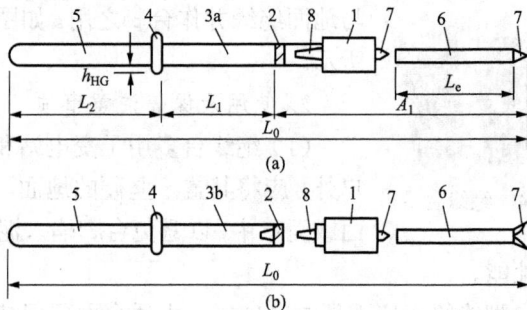

图 TYBZ03102003-1　验电器结构

（a）包含绝缘杆的单件式验电器；（b）可组装绝缘杆的分离式验电器

1—指示器（任何类型）；2—限度标志；3—绝缘杆；4—护手；5—手柄；

6—接触电极延长段；7—接触电极；8—连接器

h_{HG}—护手的高度；L_2—手柄长度；L_1—绝缘件的长度；L_e—接触电极的延长段的长度；

L_0—验电器的总长度；A_1—插入深度（长度）

2. 使用与保管

（1）使用前根据被验电设备的额定电压选用合适电压等级的合格高压验电器。

验电操作顺序应按照验电"三步骤"进行：即在验电前必须进行自检，方法是用手指按动自检按钮，指示灯有间断闪光，同时发出间断报警声，说明该仪器正常，或将验电器在带电的设备上验电，以验证验电器是否良好；然后再在已停电的设备进出线两侧逐相验电；当验明无电后再把验电器在带电设备上复核一下，看其是否良好。

（2）验电时，应戴绝缘手套，验电器应逐渐靠近带电部分，直到氖灯发亮为止，验电器不要立即直接触及带电部分。

（3）验电时，验电器不应装设接地线，除非在木梯、木杆上验电，不接地不能指示者，才可装接地线。

（4）避免跌落、挤压、强烈冲击、振动，不要用腐蚀性化学溶剂和洗涤等溶液擦洗。

（5）不要放在露天烈日下曝晒，验电器用后应存放于匣内，置于干燥处，避免积灰和受潮。

（6）该高压验电器（指示器）使用 SR44 按钮和电池（1.5V）4 节，当按动自检开关时，如指示器强度弱（包括异常）应及时更换电池。

对高压验电器应每半年试验一次。

二、绝缘杆

绝缘杆又称绝缘棒，也称绝缘拉杆、操作拉杆。是用于短时间对带电设备进行操作或测量的绝缘工具，如用来操作高压隔离开关和跌落式熔断器的分合、安装和拆除临时接地线、放电操作、处理带电体上的异物、以及进行高压测量、试验、直接与带电体接触得等各项作业和操作。

1. 绝缘棒的结构

绝缘棒的结构主要由工作部分、绝缘部分和握手部分构成。

工作部分一般由金属或具有较大机械强度的绝缘材料（如玻璃钢）制成，一般不宜过长。在满足工作需要的情况下，长度不应超过 50～80mm，以免操作时发生相间或接地短路。

绝缘部分和握手部分是用浸过绝缘漆的木材、硬塑料、胶木等制成的，两者之间由护环隔开。绝缘棒的绝缘部分须光洁、无裂纹或硬伤，其长度根据工作需要、电压等级和使用场所而定，如 110kV 以上电气设备使用的绝缘棒，其长度部分为 2～3m。如图 TYBZ03102003-2 所示。

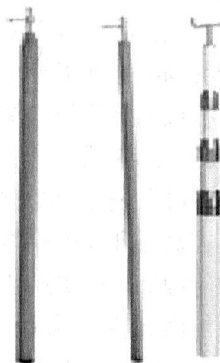

图 TYBZ03102003-2　绝缘棒

为了便于携带和保管，往往将绝缘棒分段制作，每段端头有金属螺丝，用以相互镶接，也可用其他方式连接，使用时将各段接上或拉开即可。绝缘棒每三个月检查一次。检查时要擦净表面，检查有无裂纹、机械损伤、绝缘层损坏。绝缘棒一般每年必须试验一次。

2. 使用与保管

（1）使用绝缘杆前，应检查绝缘杆的堵头，如发现破损，应禁止使用。

（2）雨天、雪天在户外操作电气设备时，操作杆的绝缘部分应有防雨罩。罩的上口应与绝缘部分紧密结合，无渗漏现象，罩下部分的绝缘棒保持干燥。

（3）使用绝缘棒时，操作人员应戴绝缘手套、穿绝缘靴（鞋），人体应与带电设备保持足够的安全距离，并注意防止绝缘杆被人体或设备短接，以保持有效的绝缘长度。

（4）操作绝缘棒时，绝缘棒不得直接与墙或地面接触，以防碰伤其绝缘表面。

（5）绝缘棒应存放在干燥的地方，以防止受潮。一般应放在特制的架子上或垂直悬挂在专用挂架上，以防弯曲变形。

三、绝缘隔板

绝缘隔板是由绝缘材料制成，用于隔离带电部件、限制工作人员活动范围的绝缘平板。一般绝缘隔板用胶木板、环氧树脂板等绝缘材料制成。其外形多种多样，可根据其不同的用途和要求制成不同的形状。绝缘隔板一般用在部分停电工作中，施工人员与 35kV 及以下线路的距离不能满足安全距离时，则用允许能承受该电压等级的绝缘隔板将 35kV 及以下线路临时隔离起来，也可用绝缘隔板以防止停电开关的误操作。当开关拉开后，为防止误操作，可在动触头和静触头之间用绝缘隔板将其隔开。使其在发生误操作时也合不上开关，从而保证人身安全。在一个供电回路停电检修时、做交流耐压试验时、在电源断开点的两侧有可能产生电弧时，也可用绝缘隔板来加强绝缘，防止因试验电压产生对带电部分的闪络而发生的事故。绝缘隔板应满足绝缘工具的耐压试验要求。

四、绝缘罩

绝缘罩是由绝缘材料制成，用于遮蔽带电导体或非带电导体的保护罩。

在高压开关柜检修时，为防止刀闸拉杆自动脱落或误合而造成事故，以往大都采用绝缘板。但实践证明，由于绝缘板容易滑落和吸潮，放置困难、笨重，安全可靠性能尚难满足要求。刀闸绝缘罩则是代替环氧隔板的理想的安全隔离工具，采用硅橡胶、PE、PVC 等高分子树脂材料，一次热压成型。检修时，用专用的操作棒套放在刀闸的动触头上即可，有倒送电可能的，也应考虑在出线侧刀闸装用此罩，装时在挂地线之前，拆时在拆地线之后。刀闸绝缘罩在某种程度上比挂接地线更加安全可靠，挂接地线并不能减少事故，只能减小事故的伤害程度而已，唯有加装此罩，才能彻底杜绝事故。如图 TYBZ03102003-3 所示。

模块 3

TYBZ03102003

五、携带型短路接地线和个人保护接地线

（一）携带型短路接地线

携带型短路接地线是用于防止设备、线路突然来电，消除感应电压，放尽剩余电荷的临时接地装置。

1. 携带型接地线的构成

携带型接地线由以下几部分组成：

（1）专用夹头（线夹）。有连接接地线到接地装置的线夹、连接短路线到接地线部分的线夹和短路线连接到母线的线夹。

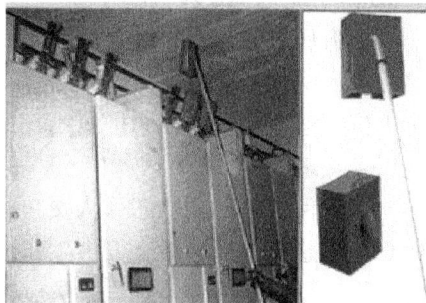
图 TYBZ03102003-3　主进刀闸绝缘罩

（2）多股软铜线。其中相同的三根短的软铜线是接向三根相线用的，它们的另一端短接在一起。一根长的软铜线是接向接地装置端的。多股软铜线的截面应符合短路电流的要求，即在短路电流通过时，铜线不会因产生高热而熔断，且应保持足够的机械强度，故该铜线截面不得小于 $25mm^2$。铜线截面的选择应视该接地线所处的电力系统而定。电力系统比较大的，短路容量也大，这时应选择较大截面的短路铜线。

接地线装拆顺序的正确与否很重要。装设接地线必须先接接地端，后接导体端，且必须接触良好；拆接地线的顺序与此相反。

2. 接地线的使用和保管注意事项

（1）使用时，接地线的连接器（线卡或线夹）装上后接触应良好，并有足够的夹持力，以防短路电流幅值较大时，由于接触不良而熔断或因电动力的作用而脱落。

（2）应检查接地铜线和三根短接铜线的连接是否牢固，一般应由螺丝拴紧后，再加焊锡焊牢，以防因接触不良而熔断。

（3）装设接地线必须由两人进行，装、拆接地线均应使用绝缘棒和戴绝缘手套。

（4）接地线在每次装设以前应经过详细检查，损坏的接地线应及时修理或更换，禁止使用不符合规定的导线作接地线或短路线之用。

（5）接地线必须使用专用线夹固定在导线上，严禁用缠绕的方法进行接地或短路。

（6）每组接地线均应编号，并存放在固定的地点，存放位置亦应编号。接地线号码与存放位置号码必须一致，以免在较复杂的系统中进行部分停电检修时，发生误拆或忘拆接地线而造成事故。

（7）接地线和工作设备之间不允许连接隔离开关或熔断器，以防它们断开时，设备失去接地，使检修人员发生触电事故。

模块 3

TYBZ03102003

（二）个人保护接地线

个人保护接地线（俗称"小地线"）用于防止感应电压危害的个人用接地装置。

个人保安接地线仅作为预防感应电使用，不得以此代替《国家电网公司电力安全工作规程》规定的工作接地线。只有在工作接地线挂好后，方可在工作相上挂个人保安接地线。

个人保安接地线由工作人员自行携带，凡在 110kV 及以上同杆塔并架或相邻的平行有感应电的线路上停电工作，应在工作相上使用，并不准采用搭连虚接的方法接地。工作结束时，工作人员应拆除所挂的个人保安接地线。

六、核相器

核相器是用于检别待连接设备、电气回路是否相位相同的装置。主要用于额定电压相同的两个系统核相定相，以使两个系统具备并列运行条件。

1. 核相器结构

核相器由长度和内部结构基本相同的两根测量杆配以带切换开关的检流计组成。核相器每六个月应进行一次电气试验。

2. 使用及保管

（1）使用核相器前，应检查核相器的工作电压与被测设备的额定电压是否相符，是否超过试验有效期。

（2）使用核相器前，应检查核相器的测量杆绝缘是否完好。

（3）使用核相器时，应戴绝缘手套。

（4）户外使用核相器时，须在天气良好时进行。

（5）核相器应存放在干燥的柜内。

【思考与练习】

1. 电容型验电器、绝缘杆的使用与保管注意事项有哪些？
2. 接地线时应该注意些什么？
3. 核相器与绝缘挡板和绝缘罩都是干什么用的？

模块 4　防护安全用具的正确使用与管理
（TYBZ03102004）

【模块描述】本模块涉及安全带、安全帽、脚扣、梯子、安全绳、防静电服（静电感应防护服）、防电弧服、安全自锁器、速差自控器、防护眼镜、过滤式防毒面具、正压式消防空气呼吸器、SF_6 气体检漏仪、氧量测试仪等防护安全用具。通过防护安全用具的形象化介绍，掌握防护安全用具正确使用与管理要求。

【正文】

一、安全带

安全带是高空作业工人预防坠落伤亡的防护用品。

1. 安全带结构

安全带是由带子、绳子和金属配件组成的。根据作业性质的不同，其结构形式也有所不同。

安全带和绳目前多以锦纶为主要材料。电工围杆带可用黄牛革制作，金属配件用普通碳素钢或铝合金钢制作。安全带的腰带和保险带、绳应有足够的机械强度，材质应有耐磨性，卡环（钩）应具有保险装置。保险带、绳使用长度在 3m 以上的应加缓冲器。安全带的试验周期为半年。

2. 安全带使用与保管

（1）安全带使用前，必须作一次外观检查：

① 组件完整、无短缺、无伤残破损；② 绳索、编带无脆裂、断股或扭结；③ 金属配件无裂纹、焊接无缺陷、无严重锈蚀；④ 挂钩的钩舌咬口平整不错位，保险装置完整可靠；⑤ 铆钉无明显偏位，表面平整。

如发现上述者，应禁止使用，平时不用时也应一个月作一次外观检查。

（2）安全带应系在牢固的物体上，禁止系挂在移动或不牢固的物件上。不得系在棱角锋利处。安全带要高挂和平行拴挂，严禁低挂高用。在杆塔上工作时，应将安全带后备保护绳系在安全牢固的构件上（带电作业视其具体任务决定是否系后备安全绳），不得失去后备保护。

（3）安全带使用和存放时，应避免接触高温、明火和酸类物质，以及有锐角的坚硬物体和化学药物。

（4）安全带可放入低温水中，用肥皂轻轻擦洗，再用清水漂干净，然后晾干，不允许浸入热水中，以及在日光下曝晒或用火烤。

（5）安全带上的各种部件不得任意拆掉，更换新绳时要注意加绳套，带子使用期为 3～5 年，发现异常应提前报废。

二、安全帽

安全帽是用来保护使用者头部或减缓外来物体冲击伤害的个人防护用品。

1. 安全帽的保护原理

安全帽对头颈部的保护基于两个原理：

（1）使冲击载荷传递分布在头盖骨的整个面积上，避免打击一点。

（2）头与帽顶空间位置构成一能量吸收系统，可起到缓冲作用，因此可减轻或避免伤害。

2. 安全帽的使用

（1）使用安全帽前应进行外观检查，检查安全帽的帽壳、帽箍、顶衬、下颚带、后扣（或帽箍扣）等组件应完好无损，帽壳与顶衬缓冲空间在 25～50mm。

（2）安全帽戴好后，应将后扣拧到合适位置（或将帽箍扣调整到合适的位置），锁好下颚带，防止工作中前倾后仰或其他原因造成滑落。

安全帽的使用期限视使用状况而定。若使用、保管良好，可使用 5 年以上。

3. 电报警安全帽

该产品是在普通安全帽的基础上加装了近电报警器，增加了近电报警功能，不影响安全帽的本来功能。当工作人员接近带电体安全距离时，安全帽内近电报警器即自动鸣响报警，警告工作人员此处有电。安全帽报警器灵敏度高，抗干扰能力强，性能可靠。

每次使用电报警安全帽前，选择灵敏开关于高或低挡，然后按一下安全帽的自检开关。若能发出音响信号，即可使用。头戴或手持电报警安全帽检修架空电力线路和用电设备时，在报警距离范围内，若能发出报警声音，表明带电。

使用高压近电报警安全帽检查其音响部分是否良好，不得作为无电的依据。

三、脚扣

脚扣是攀登电杆的主要工具。脚扣是用钢或合金材料制作的攀登电杆的工具。

脚扣是用钢或合金铝材料制作的近似半圆形、带皮带扣环和脚登板的轻便登杆用具，有木杆和水泥杆用的两种形式。木杆用脚扣的半圆环和根部均有突起的小齿，以便登杆时刺入杆中起防滑作用；水泥杆用脚扣的半圆环和根部装有橡胶套或橡胶垫来防滑。脚扣有大小号之分，以适应电杆粗细不同之需要。使用脚扣较方便，攀登速度快、易学会，但易于疲劳，适于短时间作业。

（1）脚扣使用前应进行外观检查，检查：

1）金属母材及焊缝无任何裂纹及可目测到的变形；

2）橡胶防滑块（套）完好，无破损；

3）皮带完好，无霉变、裂缝或严重变形；

4）小爪连接牢固，活动灵活。

在不用时，亦应每月进行一次外表检查。

（2）正式登杆前在杆根处用力试登，判断脚扣是否有变形和损伤。

（3）登杆前应将脚扣登板的皮带系牢，登杆过程中应根据杆径粗细随时调整脚扣尺寸。

（4）特殊天气使用脚扣时，应采取防滑措施。

（5）严禁从高处往下扔摔脚扣。

脚扣虽是攀登电杆的安全保护用具，但应经过较长时间的练习、熟练地掌握后，才能起到保护作用。若使用不当，也会发生人身伤亡事故。脚扣应半年试验一次。

四、梯子

梯子是工作现场常用的登高工具，分为直梯和人字梯两种，直梯和人字梯又分为可伸缩型和固定长度型，在变电站高压设备区或高压室内应使用绝缘材料的梯子，禁止使用金属梯子。搬动梯子时，应放倒两人搬运，并与带电部分保持安全距离。

登梯作业注意事项：

（1）梯子应能承受工作人员携带工具攀登时的总重量。

（2）梯子不得接长或垫高使用。如需接长时，应用铁卡子或绳索切实卡住或绑牢并加设支撑。

（3）梯子应放置稳固，梯脚要有防滑装置。使用前，应先进行试登，确认可靠后方可使用。有人员在梯子上工作时，梯子应有人扶持和监护。

（4）梯子与地面的夹角应为65°左右，工作人员必须在距梯顶不少于2档的梯蹬上工作。

（5）人字梯应具有坚固的铰链和限制开度的拉链。

（6）靠在管子上、导线上使用梯子时，其上端需用挂钩挂住或用绳索绑牢。

（7）在通道上使用梯子时，应设监护人或设置临时围栏。梯子不准放在门前使用，必要时应采取防止门突然开启的措施。

（8）严禁人在梯子上时移动梯子，严禁上下抛递工具、材料。

梯子应每半年试验一次。此外，每个月要对外表进行检查一次，看是否有断裂、腐蚀现象。

五、安全绳

安全绳是高空作业时必须具备的人身安全保护用品，通常与护腰式安全带配合使用。

安全绳是用锦纶丝捻制而成的，具有质量小、柔性好、强度高等优点，目前广泛应用于送电线路等高处作业中。

根据使用情况的不同，目前常用的安全绳有2m、3m和5m三种。

安全绳的使用与保管：

（1）每次使用前必须进行外观检查。凡连接铁件有裂纹或变形、锁扣失灵、锦纶绳断股者，都不得使用。

（2）使用的安全绳必须按规程进行定期静荷重试验，并做好合格标志。

（3）安全绳应高挂低用。如果高处无绑扎点，可挂在等高处，不得低挂高用（即安全绳的绑扎点低于作业点）。

（4）绑扎安全绳的有效长度，应根据工作性质而定，一般为3~4m。如果在2.0m处的高空作业，绑扎安全绳的有效长度应小于对地高度，以便起到人身保护作用。如果在500kV线路上作业，因绝缘子串很长，可将安全绳接长使用。

（5）安全绳用完应放置好，切忌接触高温、明火和酸类物质，以及有锐角的坚硬物等。

安全绳的试验周期为半年。

六、防静电服

防静电服的全称是静电感应防护服，用于在有静电的场所降低人体电位、避免服装上带高电位引起的其他危害的特种服装。

防静电服是 10～500kV 带电作业用的必备服装。是采用金属纤维与柞蚕丝混纺后与蒙乃尔合金丝并捻交织成布后再做成的服装，具有优良可靠的电气性能和阻燃性能，各项指标均符合 GB 6568.1—2000 标准规定的指标。当地电位作业人员穿着后，能有效地保护人体免受高压电场及电磁波的影响。

七、防电弧服

防电弧服是一种用绝缘和防护的隔层制成的保护穿着者身体的防护服装，用于减轻或避免电弧发生时散发出的大量热能辐射和飞溅融化物的伤害。

八、安全自锁器、速差自控器、防护眼镜

（一）安全自锁器

安全自锁器能在限定距离内快速制动锁定坠落人，特别适合于攀登作业。当发生坠落时安全绳拉出距离不超过 0.2m，冲击力小于 2949N。控制系统采用经过特殊处理的特种钢，质轻，耐磨，耐腐蚀，抗冲击；外壳采用铝合金，质轻，不老化；安全绳材质为航空钢丝绳，悬挂绳，可与任何有挂点的安全带配套使用。

（二）速差自控器

速差自控器是一种装有一定长度绳索的器件，作业时可不受限制地拉出绳索。坠落时，因速度的变化可将拉出绳索的长度锁定。

（三）防护眼镜

护目眼镜是在维护电气设备和进行检修工作时，保护工作人员不受电弧灼伤以及防止异物落入眼内的防护用具。

九、过滤式防毒面具、正压式消防空气呼吸器

（一）过滤式防毒面具

过滤式防毒面具（简称"防毒面具"），是用于有氧环境中使用的呼吸器。

（1）使用防毒面具时，空气中氧气浓度不得低于 18%，温度为-30℃～45℃，不能用于槽、罐等密闭容器环境。

（2）使用者应根据其面型尺寸选配适宜的面罩号码。

（3）使用前应检查面具的完整性和气密性，面罩密合框应与佩戴者颜面密合，无明显压痛感。

（4）使用中应注意有无泄漏和滤毒罐失效。

（5）防毒面具的过滤剂有一定的使用时间，一般为 30～100min。过滤剂失去过

滤作用（面具内有特殊气味）时，应及时更换。

（二）正压式消防空气呼吸器

正压式消防空气呼吸器（简称"空气呼吸器"），是用于无氧环境中的呼吸器。如图TYBZ03102004-1 所示。

该空气呼吸器配有视野广阔、明亮、气密良好的全面罩，供气装置配有体积较小、重量轻、性能稳定的新型供气阀；选用高强度背板和安全系数较高的优质高压气瓶；减压阀装置装有残气报警器，在规定气瓶压力范围内，可向佩戴者发出声响信号，提醒使用人员及时撤离现场。抢险救护人员能够在充满浓烟、毒气、蒸汽或缺氧的恶劣环境下安全地进行灭火、抢险救灾和救护工作。

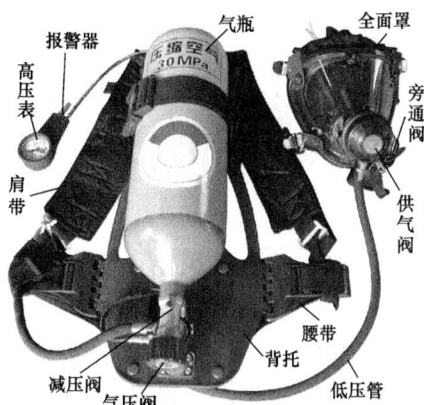

图 TYBZ03102004-1 空气呼吸器

（1）使用时应根据其面型尺寸选配适宜的面罩号码。

（2）使用前应检查面具的完整性和气密性，面罩密合框应与人体面部密合良好，无明显压痛感。

（3）使用中应注意有无泄漏。

十、SF_6 气体检漏仪、氧量测试仪

（一）SF_6 气体检漏仪

SF_6 气体检漏仪主要用来检测环境空气中 SF_6 气体含量和氧气含量，当环境中 SF_6 气体含量超标或缺氧，能实时进行报警。它独有的微量 SF_6 气体检测技术，能检测到 1000ppm 浓度的 SF_6 气体，不仅可以达到保障人身安全的目的，而且还能确保设备正常运行。

（二）氧量分析仪

氧量分析仪是用在有可燃气体、蒸气与空气形成的爆炸和温度组别 T1～T6 的 1 区、2 区易燃易爆危险场所，对空气、氮气、氢气、氩气等气体中的氧气浓度连续监测的仪器。采用进口高性能电化学式气体传感器和微处理机技术，具有数字显示、上下限报警、标准信号输出及继电器触点报警输出等功能。

【思考与练习】

1. 安全带、安全帽、脚扣、梯子、安全绳、过滤式防毒面具、正压式消防空气呼吸器如何正确使用？

2. 防静电服（静电感应防护服）、防电弧服、安全自锁器、速差自控器、防护眼镜、SF_6 气体检漏仪、氧量测试仪的作用是什么？

第三章　安全防护技术及应用

模块 1　屏护、间距与安全标志（TYBZ03103001）

【模块描述】本模块介绍屏护、安全间距和安全标示牌。通过概念解释、要点讲解和应用举例，掌握屏护的概念、作用、应用和屏护装置的安全条件；掌握电气安全间距的意义及其规定；掌握安全标示牌的要求、常用安全标志牌及其悬挂要求。

【正文】

一、屏护

采用屏护措施将带电体间隔起来，可以有效地防止由于偶然触及或过分接近带电体而遭受电击或电伤的危害。

屏护的作用如下：

（1）防止工作人员意外碰触或过分接近带电体；如遮栏、栅栏、保护网、围墙等；

（2）作为检修部位与带电体的距离小于安全距离时的隔离措施，如绝缘隔板；

（3）保护电气设备不受机械损伤，如低压电器的箱、盒、盖、罩、挡板等。

屏护装置与带电体之间的距离应符合安全距离的要求及有关规定，并根据现场需要配以明显的标志，以引起人们的注意。有些屏护还装设信号指示和联锁装置，当人体跨越或移开屏护时。发出警告信号或自动切断电源。所有屏护装置都应根据环境条件符合防火、防风要求并具有足够的机械强度利稳定性。

二、安全距离（间距）

（一）安全距离的意义

裸带电体之间、带电体与地面及其他设施之间是靠空气绝缘的，带电体的工作电压越高要求其间的空气距离越大。当此距离不足时，将于其间发生电弧放电现象。带电体之间的放电将引起弧光短路；带电体与地之间的放电将引起弧光接地；当人体过分接近带电体时，放电将引起电击或电伤事故。因此，为了防止发生人身触电事故和设备短路或接地故障，应规定出带电体之间、带电体与地面之间、带电体与其他设施之间、工作人员与带电体之间必须保持的最小空气间隙，称之为安全距离或安全间距。

（二）安全距离的规定

安全距离的大小，主要是根据电压的高低（留有裕度）、设备状况和安装方式来决定，并在规程中作出明确规定。凡从事电气设计、安装、巡视、维修以及带电作业的人员，都必须严格遵守。

安全距离的项目甚多，有变配电设备的安全净距、架空线路的安全距离、电缆线路的安全距离、室内外配线的安全距离、低压进户装置的安全距离、低压用电装置的安全距离、检修时的安全距离、带电作业时的安全距离等项目。其中有的主要着眼于设备安全（防止相间短路或接地故障），有的主要着眼于人身安全（防止人体因过分接近带电体而触电）。

三、安全标示牌

在有触电危险的处所或容易产生误判断、误操作的地方，以及存在不安全因素的现场，设置醒目的文字或图形标志，提示人们识别、警惕危险因素，对防止偶然触及或过分接近带电体而触电具有重要作用。

1. 对标志的要求

（1）文字简明扼要，图形清晰、色彩醒目。例如用白底红边黑字制作的"止步，高压危险"的标示牌，白色背景衬托下的红边和黑字，可以收到清晰醒目的效果，也使这标示牌的警告作用更加强烈。

（2）标准统一或符合习惯，以便于管理。例如我国采用的颜色标志的含义基本上与国际安全色标准相同。

2. 常用标志举例

标志用文字、图形、编号、颜色等手段构成。兹举例如下：

（1）裸母线及电缆芯线的相序或极性标志见表 TYBZ03103001-1。表中列出了新旧两种颜色标志，在工程施工和产品制造中应逐步向新标准（GB 2681081 及 GB 3787083）过渡。

（2）安全牌是由干燥的木材或绝缘材料制作的小牌子。其内容包括文字、图形和安全色，悬挂于规定的处所。起着重要的安全标志作用。安全牌按其用途分为允许、警告、禁止和提示等类型。安全牌在各个部门都有使用，如交通管理部门设置的"禁止通行"牌子。电工专用的安全牌通常称为标示牌，常用的标示牌规格及其悬挂处所如表 TYBZ03103001-2 所示。标示牌在使用过程中，严禁拆除、更换和移动。图 TYBZ03103001-1 是几种常见的电工用标示牌图形。

表 TYBZ03103001-1　　　　　导 体 色 标

导体名称　　　　类别 色标		交流电路				直流电路		保护线
		L_1	L_2	L_3	N	正极	负极	
旧		黄	绿	红	黑	红	蓝	黑
新		黄	绿	红	淡蓝	棕	蓝	绿/黄双色线

表 TYBZ03103001-2　　　常用标示牌规格及悬挂处所

类型	名　　　称	尺寸（mm）	式样	悬挂处所
禁止类	禁止合闸，有人工作！	250×200 或 80×50	白底红字	一经合闸即可送电到施工设备的开关和刀闸的操作把手上
	禁止合闸，线路有人工作！	200×100 或 80×50	红底白字	线路开关和刀闸的把手上
	禁止攀登，高压危险！	250×200	白底红边黑字	工作人员上下的铁架可能上下的另外铁架上；运行中变压器的梯子上
允许类	在此工作！	250×250	绿底，中有直径210mm 的白圆圈，圈内写黑字	室外和室内工作地点或施工设备上
提示类	从此上下！	250×250	绿底，中有直径210mm 的白圆圈，圈内写黑字	工作人员上下的铁架、梯子上
警告类	止步，高压危险！	250×250	白底红边，黑字，有红色箭头	施工地点临近带点设备的遮栏上；室外工作地点的围栏上；禁止通行的过道上；高压试验地点；室外构架上；工作地点临近带点设备的横梁上

　　（3）文字标志和编号文字和编号常用作线路和设备的识别标记，其构成应具有统一性、科学性和规律性，以便于理解和记忆。图 TYBZ TYBZ03103001-2 是低压三相异步电动机的引出线端子的标志及在接线盒中的布置。文字"M"表示电动机"Motor"，下标数字 1 和 4、2 和 5、3 和 6 分别表示每相绕组的首端和末端。

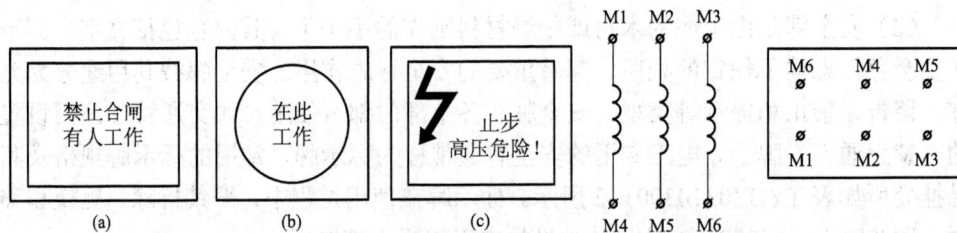

图 TYBZ03103001-1　几种标示牌的图形

（a）禁止类标示牌；（b）允许类标示牌；（c）警告类标示牌

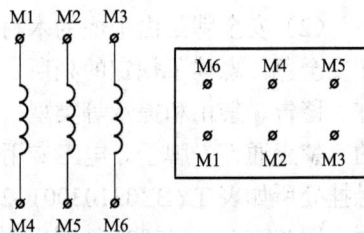

图 TYBZ TYBZ03103001-2

电动机的引出线标志和编号

3. 悬挂标示牌的要点

（1）在工作地点、施工设备及一经合闸即可送电到工作地点或施工设备的开关和刀闸把手上，均应悬挂"禁止合闸，有人工作！"的标示牌；若线路上有人工作，则应在线路开关和刀闸操作把手上悬挂"禁止合闸，线路有人工作！"的标示牌。标示牌的悬挂或拆除，均应按调度员的命令执行。

（2）临时遮栏要悬挂"止步，高压危险！"的标示牌，标示牌必须朝向遮栏外面。

（3）在室内高压设备上工作，应在工作地点两旁间隔和对面间隔的遮栏上和通行的过道上悬挂"止步，高压危险！"的标示牌。

（4）在工作地点悬挂"在此工作！"的标示牌。

（5）室外构架上工作，应在工作地点邻近带电部分的横梁上悬挂"止步，高压危险！"的标示牌。此项标示牌在值班人员监护下，由工作人员悬挂。在工作人员上下用的铁架或梯子上，应悬挂"从此上下！"的标示牌。在邻近其他可能误登的构架上，应悬挂"禁止攀登，高压危险！"的标示牌。

【思考与练习】

1. 屏护的作用及种类有哪些？
2. 安全距离如何规定的？
3. 如何进行安全标示牌的识别和使用要点？

模块 2　绝缘防护（TYBZ03103002）

【模块描述】本模块介绍绝缘防护的相关知识。通过概念解释和要点讲解，掌握绝缘防护的作用、常用绝缘材料的性能和预防绝缘事故的措施。

【正文】

一、绝缘防护的作用及配合

电气设备是由导电体和绝缘体不可缺少的两个基本部分所构成。绝缘防护就是用绝缘材料将带电导体封护或隔离起来，使电气设备及线路能正常工作时，防止发生人身触电的措施。比如用绝缘布带把裸露的接线头包扎起来就是绝缘防护措施的一种。良好的绝缘是可以保证人身与设备的安全的。那么，绝缘不良，就会导致设备漏电、短路，从而引发设备损坏及人身触电的事故。由此可知，绝缘防护是安全保护的一项重要措施。当然，良好的绝缘必须与其工作电压相符，与周围环境和运行条件相适应，这就需要进行合理的绝缘配合。

绝缘配合是指根据设备的使用和周围环境条件来选择设备的电气绝缘特性。

绝缘配合涉及了电压、频率、承受电压作用的时间、污秽（污染）等诸多环境条件的认定；涉及了电气间隙和爬电距离（或爬电比距）的确定；还涉及了相应的试验和测量。只有当电气设备能够承受预期使用寿命中各种条件下的作用强度的检验时，它的设计才可以认为实现了绝缘配合要求。

绝缘按其防护部位不同，可分为主绝缘和匝间绝缘。主绝缘又可分为带电导体之间的绝缘（如交流回路的相间绝缘或直流回路正、负极间的绝缘）和带电导体与"地"之间的绝缘（如带电导体对设备金属外壳、金属结构或人体之间的绝缘）。匝间绝缘亦称纵绝缘，是指电机变压器绕组及电器线圈相邻线匝之间的绝缘。相（极）间绝缘的损坏，将导致设备或线路相（极）间短路；对地绝缘损坏（俗称"碰壳"），将会使设备漏电而导致人身触电。匝间绝缘损坏，将引起设备匝间短路。

二、常用绝缘材料

电工技术上将电阻率在 $10^7\Omega\cdot m$ 以上的材料称为绝缘材料，其品种很多，按形态可分为气体绝缘材料、液体绝缘材料和固体绝缘材料。按化学性质可分为无机绝缘材料、有机绝缘材料和混合绝缘材料。

常用的气体绝缘材料有如空气、氮气、氢气、二氧化碳、六氟化硫等。空气用于裸导体之间的绝缘及裸导体对地绝缘，靠安全距离来保证绝缘要求。六氟化硫有良好的绝缘性能和灭弧性能，用它作为开关电器的绝缘材料，体积特别小。

液体绝缘材料有如变压器油、断路器油、电容器油、电缆油、硅油、蓖麻油、十二烷基苯、二芳基乙烷等。

固体绝缘材料用得最多。无机固体绝缘材料如电瓷、玻璃、云母、石棉、大理石、硫磺等；有机固体绝缘材料如棉纱、纸、麻、蚕丝、漆胶等天然纤维及橡胶、塑料等。混合固体绝缘材料包括由上述无机和有机绝缘材料加工而成，主要用于制造电器的底座、外壳等部件。固体绝缘材料的制成品，如黄（黑）腊布带、黄腊绸带、各种玻璃漆布（带）、聚脂薄膜、青壳纸、酚醛层压纸（布）板、各种玻璃布板、各种云母带、虫胶换向器云母板、各种浸渍绝缘漆及覆盖漆等。

三、绝缘性能的恶化或破坏——绝缘事故

绝缘性能包括电气性能、机械性能、热性能（包括耐热性、耐寒性、耐热冲击稳定性、耐弧性、软化点、黏度等）、吸潮性能、化学稳定性（如抗氧化性、抗腐蚀性、抗溶剂性）以及抗生物性（霉菌、昆虫的危害）。设计、制造、安装和运行人员都必须在不同的程度上了解这些性能。

电气性能是绝缘材料的主要性能。这些性能有极化（用相对介电系数或电容来衡量）、电导（用绝缘电阻和泄漏电流来衡量）、损耗（用介质损失角正切来衡量）和击穿（用击穿电压或击穿电场强度来衡量）。当绝缘电气性能恶化时，绝缘电阻

将降低，泄漏电流将增大，介质损耗角正切亦将增大，而击穿电压将降低。绝缘材料的电气性能是很有可能在运行中逐渐恶化甚至被击穿而发生短路或漏电事故的。为了预防绝缘事故。必须在电气设备出厂、交接时按规定方法和标准测试上列项目；运行中或大修后的电气设备也必须按规定的周期和项目进行测试。

耐热性能是绝缘材料的重要性能之一。电流通过导体的热效应以及绝缘本身的电导损耗和介质损耗是使绝缘温度升高的原因。绝缘温度升高后。其绝缘能力将降低。引起绝缘电气性能过早地恶化和破坏的原因主要有：

（1）产品制造质量低劣。

（2）在搬运、安装、使用及检修过程中受机械损伤。

（3）由于设计、安装、使用不当，绝缘材料与其工作条件不相适应。例如：电气设备过负荷或离热力管道太近使绝缘温升过高；雨水或潮气使绝缘受潮；粉尘积聚于绝缘表面；酸、碱、盐对绝缘的腐蚀作用；湿热带霉菌的大量滋生；电气设备选型不当等因素都可使绝缘性能过早恶化而引起绝缘事故。

四、预防电气设备绝缘事故的措施

（1）不使用质量不合格的电气产品。

（2）按规程和规范安装电气设备或线路。

（3）按工作环境和使用条件正确选用电气设备。

（4）按照技术参数使用电气设备，避免过电压和过负荷运行。

（5）正确选用绝缘材料。

（6）按规定的周期和项目对电气设备进行绝缘预防性试验。

（7）改善绝缘结构也是积极的绝缘防护措施之一。

（8）在搬运、安装、运行和维修中避免电气设备的绝缘结构受机械损伤、受潮、脏污。

（9）在中性点不接地的电力系统中装设绝缘监察装置。

【思考与练习】

1. 什么是绝缘配合？

2. 常用的绝缘材料有哪些？

3. 什么是绝缘性能的恶化或破坏？

4. 如何预防绝缘事故？

模块 3　保护接地（TYBZ03103003）

【模块描述】本模块介绍接地的种类，保护接地的作用原理，保护接地电阻确定及其他保护接地形式。通过概念描述，掌握接地、保护接地的概念、类型、作用、原理及其功能、保护接地电阻确定等知识。

【正文】

一、接地的种类

接地是将电气设备的应接地部分通过接地线与埋在地下的接地体紧密连接起来。按照不同的用途，接地可分为正常接地和非人为的故障接地两类。正常接地又有工作接地和安全接地之分。工作接地有两种情况：一是利用大地作导线的接地，在正常情况下有电流通过，如直流工作接地、弱电工作接地等；二是维持系统安全运行的接地，在正常情况下没有电流或只有很小的不平衡电流流过，如 110kV 以上高压系统的工作接地、三相四线制 380/220V 系统变压器中性点的工作接地等。安全接地主要包括防止触电的保护接地、防雷接地、防静电接地及屏蔽接地等。故障接地是指带电体与大地将发生意外的连接，如电气设备的碰壳短路、电力线路的接地短路等。

二、保护接地原理

保护接地是一种技术上的安全措施。所谓保护接地，就是把在故障情况下可能呈现危险的对地电压的金属部分同大地紧密地连接起来。

1. 在中性点不接地电网中，电气设备不接地的情况

在中性点不接地电网中，电动机的外壳不接地。当电动机正常运行时，其外壳不带电，触及外壳的人并无危险。而当电动机的绝缘击穿时，其外壳便带有电压。这时若有人触及电动机外壳，将有电流经人体电阻、电网非故障相对地电容和绝缘电阻构成回路。流过人体的电流或人体所承受的电压与电网相电压、线路对地绝缘电阻和线路对地电容有关。当电网分布较广（对地电容较大）或绝缘电阻下降时，流过人体的电流越大，触电的危险性也越大。现在分别就中性点不接地的高、低压电网在没有保护接地的情况下的触电危险性进行分析。

采用中性点不接地的 380/220V 电网对地电容较小，且电网电压较低，电容电流不大，可以忽略电网对地电容的影响。流经人体的电流远小于安全电流 10mA，人体所承受的电压也只有几伏特。可见在线路绝缘良好的情况下，是不会有触电危险的。如果电网绝缘不良，绝缘电阻降至 5kΩ。此时，流过人体的电流大于 10mA，即流过人体的电流大于致命电流。显然，这对于触电者是相当危险的。

3～60kV 电网的中性点是不接地运行的。

2. 采用保护接地

（1）保护接地在 IT 系统中的应用

所谓 IT 系统是指电源中性点不接地或经阻抗（约 1kΩ）接地。电气设备的外露可导电部分（如设备的金属外壳）经各自的保护线 PE 分别直接接地的三相三线制低压配电系统。在这种系统中，当有人触及"碰壳"设备外壳时，只要将保护接地电阻限制在足够小的范围内，就能使流过人体的电流小于安全电流，或者说可把

人体的接触电压降低至安全电压以下，从而保证人身安全，这就是保护接地的工作原理。

IT 系统中所有设备的外露可导电部分都是经各自的 PE 线分别直接接地的，各台设备的 PE 线间并无电磁联系，因此适用于对数据处理、精密检测等装置的供电。

对于 3～60kV 中性点不接地或经消弧线圈接地的高压电网（属小接地 500A 以下短路电流系统），保护接地也是减轻触电的有效措施。

（2）TT 系统中保护接地的分析

在中性点直接接地电网中，电动机的金属外壳不接地。当人触及"碰壳"的电动机外壳时，接地电流经人体和变压器的工作接地电阻构成回路。通常工作接地电阻不超过 4Ω，对于 380/220V 三相四线制电网，则人体所承受的电压约等于相电压 220V，通过人体的电流 129mA，此值远大于安全电流，触电者是很危险的。

所谓 TT 系统是指电源中性点直接接地、设备的外露可导电部分也经各自的 PE 线分别直接接地（接地电阻都不超过 4Ω）的三相四线制低压供电系统。电动机外壳是接地的，当电动机发生碰壳短路时，可求得故障电流 27.5A，加于人体的电压 110V，流过人体的电流 65mA。这个电流值仍然大于安全电流，且故障电流只有 27.5A，在大多数情况下，是不足以使电路的过流保护装置（如熔断器、自动开关的脱扣器等）动作的，电动机外壳将会长期带电，这对人仍是很危险的。

TT 系统与前述 IT 系统一样，由于其所有设备的外露可导电部分都是经各自的 PE 线分别直接接地的，各台设备的 PE 线之间无电磁联系，也适于对数据处理、精密检测等装设的供电。

三、保护接地电阻的确定

接地电阻的数值对于保护的效果是至关重要的。从前面的分析可知道，并联电路中的小电阻（保护接地电阻 R_E）对大电阻（人体电阻 R_b）有着强分流的作用。因此，该数值可以根据电网可能的接地故障电流和允许的设备外露可导电部分的最大对地电压来确定。

中性点不接地的 380/220V 系统电网电压较低，长度有限，电网对地电容不大，单相接地故障电流一般不超过 10A，由于人体接触低压电气设备的机会较多，允许的设备外壳对地电压可取为安全电压 36V，则接地电阻 $R_E \leqslant 3.6\Omega$。故规程要求 $R_E \leqslant 4\Omega$。当变压器容量在 100kVA 以下时，R_E 可放宽至不大于 10Ω。

中性点不接地或经消弧线圈接地的高压系统的额定电压在 3～60kV 之间，接地电流一般不超过 500A，称为小接地短路电流系统。由于高压系统的接地电流已经比较大，要把设备外露导电部分的允许最大对地电压限制在 36V 以下，势必要求接地电阻降至很低，前面已指出此举在技术经济上是不合理的，在多数情况下甚至是不可能做到的。因此，对这类系统，允许设备外露导电部分对地电压可放宽至 120V

或 250V，视高、低压设备的接地装置是共用还是分开敷设而定。

我国额定电压在 110kV 及以上的电网几乎都是采用中性点直接接地方式运行的，其接地短路电流在 500A 以上，称之为大接地短路电流系统。在这种系统中，由于接地短路电流值已经很大，事实上已无法用保护接地的方法来限制碰壳设备的对地电压不超过某一安全范围，而是靠继电保护装置迅速切断电源来保障安全。在这类系统中的设备外壳虽然也接地，并要求接地电阻不大于 0.5Ω，但接地的意义与中性点不接地系统中的保护接地有所不同，后者在于限制碰壳设备的对地电压，而前者在于促使继电保护装置可靠地动作，以切断电源的办法去消除电弧接地过电压。

四、其他保护接地形式

上述保护接地都是指将电气设备的金属外壳或金属结构与地作连接，旨在防止由于电气设备对地绝缘损坏而引起的触电。但是，对于低压侧不接地电网，配电变压器高、低压绕组之间因绝缘击穿而使低压侧电网电压升高，即所谓高压窜入低压的问题，亦应引起足够的重视。

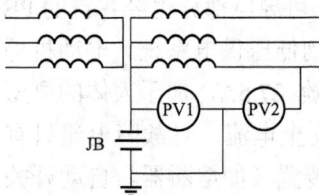

图 TYBZ03103003-1

低压侧通过击穿熔断器接地

1. 防止变压器高压窜入危险

减轻变压器高压窜入低压所造成的危险的方法：是把变压器低压侧经击穿熔断器 JB 接地。击穿式熔断器的一极可接至低压电网的星形点或其中的一相，如图 TYBZ03102004-1 所示。击穿式熔断器是由两片铜制电极夹以带孔的云母片制成的。正常情况下，云母片把低压电网与大地隔离，电网按中性点不接地方式运行。当高压窜入低压时，熔断器被高压击穿（熔断器的击穿电压仅数百伏），使高压电网形成单相接地电流，这时保护装置将切断高压侧电源或发出信号。只要接地电阻不大于 4Ω，一般就可把低压侧对地电压限制在 120V 以下，从而减轻高压窜入低压时的危险。图中 PV1 和 PV2 是两只高阻抗且内阻相等的电压表，用以对击穿式熔断器进行绝缘监视。正常时，两电压表读数为相电压的一半，当击穿式熔断器绝缘降低或击穿时，PV1 的读数将下降，而 PV2 的读数将上升。

2. 防止电流互感器、电压互感器高压窜入危险

防止或减轻危险的办法是将电流互感器、电压互感器的低压侧（二次侧）绕组接地。

顺便指出，本模块所称的保护接地与下一模块所述的保护接零可统称为保护接地，因为采用这两种保护措施的设备的金属外壳都是接地的，所不同的是前者是经各自的 PE 线（保护线）分别直接接地，而后者则是经公共的 PE 线或 PEN 线（保护零线）共同接地。之所以分别称谓，一是沿用过去习惯定义，二是为了表达两者保护原理的不同，也是为了文字叙述的方便。

【思考与练习】

1. 试比较在中性点不接地电网中，电气设备不接地，高、低压电网的情况？
2. 试叙述采用保护接地在 IT、TT 系统中的应用情况？
3. 保护接地电阻是如何确定的？
4. 如何防止高压窜入危险？

模块 4 保护接零（TYBZ03103004）

【模块描述】本模块涉及保护接零，重复接地等内容。通过原理介绍和理论分析，掌握保护接零原理和作用。

【正文】

在通常采用的 380/220V 三相四线制、变压器中性点直接接地的系统中，普遍采用保护接零作为技术上安全措施。所谓保护接零，简单地说就是把电气设备在正常情况下不带电的金属部分与电网的零线紧密地连接起来。

一、保护接零的原理

在中性点直接接地的系统中，如果用电设备上不采取任何安全措施，则设备漏电时，触及设备的人体将承受 220V 的相电压，显然是很危险的。这就需要采取保护接零作为安全措施。

保护接零的原理如图 TYBZ03103004-1 所示，当某相带电部分碰连设备外壳时，通过设备外壳形成该相线对零线的单相短路（即碰壳短路），短路电流 I_d 能促使线路上的保护装置（如熔断器 FU）迅速动作，从而把故障部分断开电源，消除触电危险。

应当注意，在这样接地的配电系统中，单纯采取保护接地是不能保证安全的。如图 TYBZ03103004-2 所示，如果电动机仅有保护

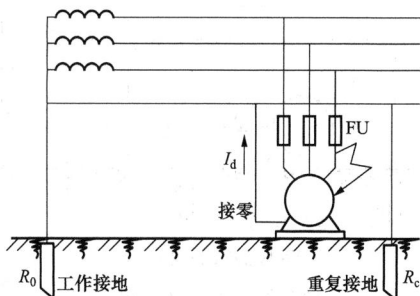

图 TYBZ03103004-1 保护接零原理图

接地装置，当某相发生碰壳短路时，人体处在与保护接地装置并联的状态，其等效电路如图 TYBZ03103004-3 所示。图中，U 为电网相电压，R_d、R_0 和 R_r 分别为保护接地装置的接地电阻、变压器低压中性点接地电阻和人体电阻。这时，人体承受的电压即降在接地电阻 R_d 上的电压为低压配电系统的相电压为 220V，而 R_0 和 R_d 一般不超过 4Ω，如果都按 4Ω 考虑，可以得到 U_r 为 110（V），这个电压对人仍然是很危险的。这就是说，在接地系统中，单纯采取保护接地虽然比不采取任何安全措

施时要好一些但并没有彻底解决安全问题，危险仍然是存在的。

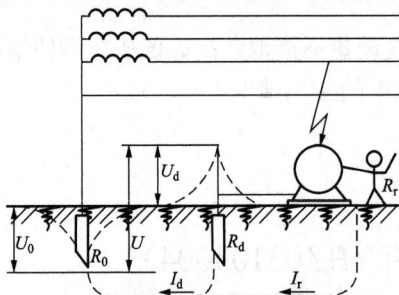

图 TYBZ03103004–2 接地电网
采用保护接地的危险

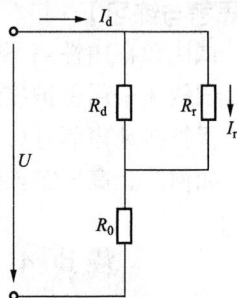

图 TYBZ03103004–3 采取保护
接地的等效电路图

　　保护接零适用于低压中性点直接接地、电压 380/220V 的三相四线制电网。在这种电网中，凡由于绝缘破坏或其他原因而可能呈现危险电压的金属部分，除另有规定外，均应接零。应接零的设备或部位与保护接地所列的项目大致相同。

　　特别应当注意，由同一台变压器供电的采取保护接零的系统中，所有电气设备都必须同零线连接起来，构成一个零线网。如果有个别设备离开零线网，而且采取保护接地措施，则情况是相当严重的。

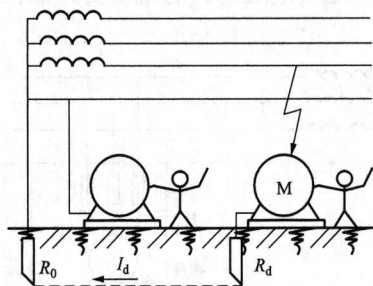

图 TYBZ03103004–4
接地和接零混用的危险

　　如图 TYBZ03103004–4 所示，M 设备采取了接地措施，而未接零。当 M 设备发生碰壳时，电流通过 R_d 和 R_0 成回路，电流不会太大，线路可能不能断开，故障长时间存在。这时，除了接触该设备的人有触电危险外，由于零线对地电压升高到 $U_0 = \dfrac{R_0}{R_d + R_0} U$，所有与接零设备接触的人都有触电危险。因此，除非另外采取了切实可靠的安全措施这种情况是不允许的。

　　如果再把 M 设备的外壳同电网的零线连接起来，则 R_d 成为零线上的重复接地，对安全是有利的。

　　在同一车间内，如果电气设备分别由运行方式不同的两台变压器供电，则可根据具体情况，在各系统的电气设备上分别采取接零保护或接地保护，且接地装置可以共用。

　　二、重复接地

　　将零线上一处或多处通过接地装置与大地再次连接，称为重复接地。图 TYBZ03103004–1 中的 R_c 即重复接地。重复接地在降低漏电设备对地电压、减轻零线断线的危险性、缩短故障时间、改善防雷性能等方面起着重要作用。

1. 降低漏电设备对地电压

图 TYBZ03103004-5 是没有装设重复接地的保护接零系统，当发生碰壳短路时，线路保护装置将迅速动作，切断电源。但从发生碰壳短路起，到保护装置动作完毕止的短时间内，设备外壳是带电的，但其对地电压即短路电流在零线部分产生的电压降减小。

在上述情况下，如像图 TYBZ03103004-6 那样再加上重复接地，则设备对地电压可以降低，触电的危险可以减轻。

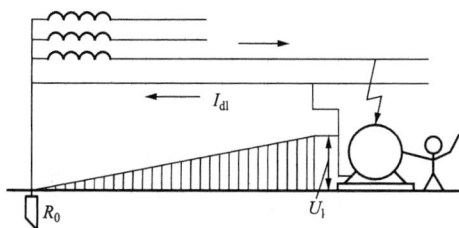

图 TYBZ03103004-5　无重复接地的保护接零　　图 TYBZ03103004-6　有重复接地的保护接零

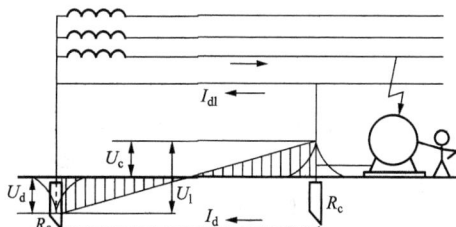

2. 减轻零线断线的危险性

图 TYBZ03103004-7 表示没有重复接地的接零系统。如图所示，当零线断裂，断线处后面某一设备碰壳时，事故电流通过触及设备的人体和工作接地构成回路。因为人体电阻比工作接地电阻要大得多，所以，在断线处以后，人体几乎承受全部相电压。

如果像图 TYBZ03103004-8 那样，在零线上有重复接地，情况就不一样了。这时，碰壳电流主要通过重复接地电阻 R_c 和工地接地电阻 R_0 成回路。在断线处以后，接零设备对地电压为小于相电压，所以危险程度减轻了一些。

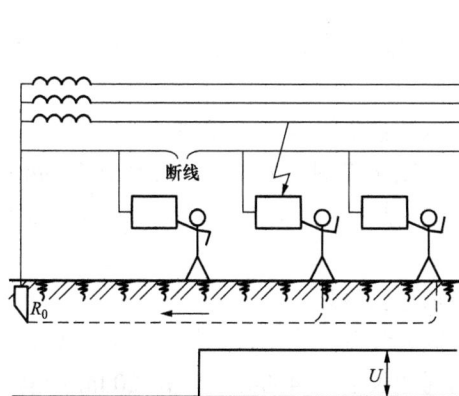

图 TYBZ03103004-7　没有重复接地时零线断线　　图 TYBZ03103004-8　有重复接地时零线断线

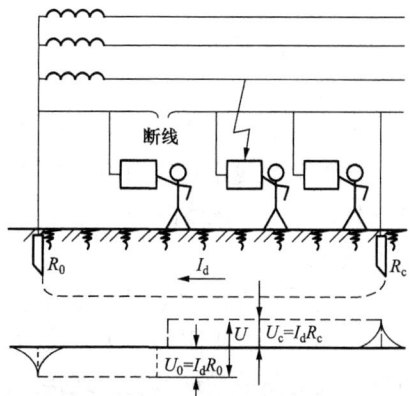

在保护接零系统中，当零线断线时，即使没有设备发生碰壳短路，而是出现三相负荷不平衡，零线上也可能出现危险的对地电压。在这种情况下，重复接地也有减轻或消除危险的作用。如图 TYBZ03103004-9 所示，在两相停止用电，一相保持用电的情况下，电流将通过该相负荷、人体和工作接地成回路。因为人体电阻较大，所以大部分电压降在人体上，触电危险性很大。如果零线上或设备上有了重复接地，如图 TYBZ03103004-10，则人体承受的电压（设备对地电压）即重复接地电阻 R_c 上的电压降。一般来说，R_c 与负荷电阻和工作接地电阻相比不会太大，其上电压降也只占电网相电压的一部分，从而减轻或消除触电的危险。

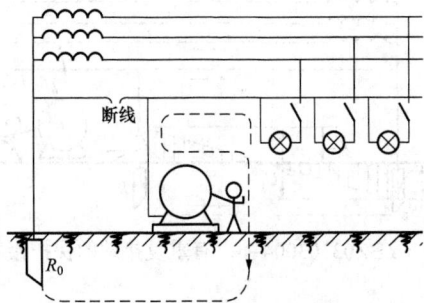

图 TYBZ03103004-9　无重复接地三相负荷
不平衡零线断线

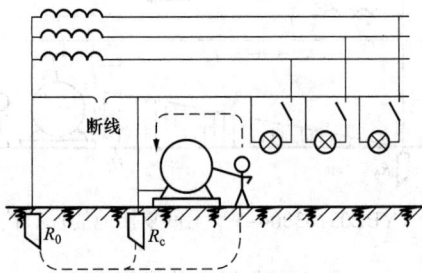

图 TYBZ03103004-10　有重复接地三相负荷
不平衡零线断线

　3. 缩短故障持续时间

因为重复接地和工作接地构成零线的并联分支，所以当发生短路时，能增加短路电流，而且线路越长，效果越显著，这就加速了线路保护装置的动作，缩短了事故持续时间。

　4. 改善防雷性能

架空线路零线上的重复接地，对雷电流有分流作用，有利于限制雷电过电压，改善防雷性能。

重复接地可以从零线上直接接地，也可以从接零设备外壳接地。

户外架空线路宜采用集中重复接地。架空线路终端、分支线长度超过 200m 的分支处，以及高压线路与低压线路同杆敷设时，共同敷设段的两端均应在零线上装设重复接地。

以金属外皮作为零线的低压电缆，也要求重复接地。

车间内部宜采用环形重复接地。零线与接地装置至少有两点连接：除进线处一点外，其对角处最远点也应连接，而且车间周边长超过 400m 者，每 200m 应有一点连接。

每一重复接地电阻，一般不得越过 10Ω，但在变压器低压工作接地的接地电阻允许不超过 10Ω的场合，每一重复接地的接地电阻允许不超过 30Ω，但不得少于三处。

【思考与练习】

1. 什么是保护接零？

2. 什么是重复接地？

模块 5 接地装置和接零装置（TYBZ03103005）

【模块描述】本模块涉及接地、接地线、接零线和接地装置。通过工艺要求的介绍，掌握接地装置的基本概念、人工接地装置的制作以及接地装置、接零装置的安全要求。

【正文】

接地装置和接零装置都是成套的安全装置。接地装置由接地体和接地线（包括地线网）组成。接零装置由接地装置和零线网（不包括工作零线）组成。

一、接地装置基本概念

接地装置是接地线和接地体的总称。接地体是埋入地下的、与土壤紧密接触的金属导体；接地线是连接接地设备和接地体之间的金属导线。

接地体分为人工接地体和自然接地体。人工接地体是采用钢管、角钢、扁钢、圆钢等钢材专门制作而埋入地中的导体；自然接地体是可以用来兼作接地体的，埋于地下的金属管道、金属结构、钢筋混凝土地基等物件。

接地线包括接地干线和接地支线两部分。与接地体连通、沿车间墙周敷设、供多台设备共用的接地线称为接地干线；把每台电气设备需要接地的部分与接地干线连接起来的金属导线叫做接地支线。

1. 接地电流和接地电阻

当电气设备的带电部分，因故与其正常情况下不带电的接地的金属结构或大地发生电气连接时，称之为接地短路。电气设备发生接地短路时，由故障点直接或经接地装置向大地流散的电流，称为接地短路电流或接地电流。

接地电流是经接地体向土壤流散的。电流自接地体向大地流散的过程中所遇到的全部电阻叫做接地体的流散电阻。接地电阻是接地体的流散电阻与接地线的电阻之和。接地线的电阻一般很小，可以忽略不计。因此，可以认为流散电阻就是接地电阻。

2. 对地电压曲线

电流通过接地体向大地作半球形流散。因为球面积与半径的平方成正比，所以半球形的面积随着远离接地体而迅速增大。因此，与半球形面积对应的土壤电阻随着远离接地体而迅速减小，至离开接地体 20m 处，半球形面积已达 2500m²，土壤电阻已小到可以忽略不计。这就是说，可以认为在远离接地体 20m 以外，电流不再产生电压降了。或者说，至远离接地体 20m 处，电压已降为零。

如果用曲线来表示接地体及其周围各点的对地电压，这种曲线就叫对地电压曲线。显然，随着离开接地体，土壤电阻逐渐减小，电压降落逐渐减缓，曲线逐渐变平，或者说曲线的陡度逐渐减小。根据理论分析，接地体的对地电压曲线应当具有双曲线的特点。

如图 TYBZ03103005-1 所示，当设备漏电，电流 I_d 自接地体向大地流散时，对地电压曲线呈双曲线形状，至离开接地体 20m 处，对地电压接近于零。甲触及漏电设备外壳，其接触电压即其手和脚之间的电位差，即图中的 U_c 计算接触电压时，人所站立的位置按人体离开设备 0.8m 考虑。图中，乙紧靠接地体位置，承受的跨步电压最大；丙离开了接地体，承受的跨步电压要小一些。人的跨距一般按 0.8m 考虑。显然，离开按地体 20m 以外，跨步电压接近于零。

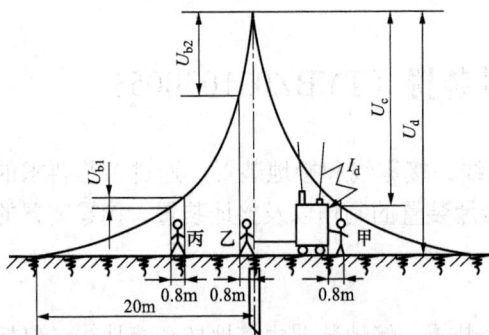
图 TYBZ03103005-1　接触电压和跨步电压示意图

二、人工接地装置

1. 人工接地体的制作

人工接地体按其埋设方式不同有垂直接地体和水平接地体两种。接地体多采用型钢制成，其截面应满足热稳定和机械强度的要求。人工接地体多采用钢管、角钢、扁钢、圆钢或钢铁制成。一般情况下，接地体垂直埋设，多岩石地区，接地体可水平埋设。

2. 接地线和接零线

接地线和接零线均可利用以下自然导体。

（1）建筑物的金属结构（梁、柱子、桁 架等）；

（2）生产用的金属结构（行车轨道、配电装置灼外壳、设备的金属构架等）；

（3）配线的钢管；

（4）电缆的铝、铝包皮；

（5）上、下水管、暖气管等各种金属管道（流经可燃或爆炸性介质的除外）可用作低压电气设备的接地线和接零线。

三、接地装置和接零装置的安全要求

保持接地装置和接零装置可靠而良好的运行，对于保障人身安全有十分重要的意义。接地装置和接零装置有如下安全要求：

1. 导电的连续性

必须保证电气设备至接地体之间或电气设备至变压器低压中性点之间导电的连续性，不得有脱节现象。

2. 连接可靠

接地装置之间的连接一般采用焊接。扁钢搭焊长度应为宽度的 2 倍，且至少在三个棱边进行焊接；圆钢搭焊长度应为直径的 6 倍。不能采用焊接时，可采用螺栓或卡箱连接，但必须保持接触良好。在有振动的地方，应采取防松措施。

3. 足够的机械强度

宜采用钢接地线或接零线，有困难时可采用铜、铝接地线或接零线。地下不得采用裸铝导体作接地线或接零缝。

携带式设备因经常移动，其接地线或接零线应采用 $0.75\sim1.5mm^2$ 以上的多股软铜线。

4. 足够的导电能力和热稳定性

采用保护接零时，为了能达到促使保护装置迅速动作的单相短路电流，零线应有足够的导电能力。在不利用自然导体作零线的情况下，保护零线导电能力最好不低于相线的二分之一。

大接地短路电流系统的接地装置，应校核发生单相接地短路时的热稳定性，即校核是否能承受单相接地短路电流转换出来的大量热能的考验。

5. 防止机械损伤

接地线或接零线应尽量安装在人不易接触到的地方，以免意外损坏；但又必须是在明显处，以便于检查。

6. 防腐蚀

为了防止腐蚀，钢制接地装置最好采用镀锌元件制成，焊接处涂沥青油防腐。明设的接地线和接零线可以涂漆防腐。

7. 地下安装距离

接地体与建筑物的距离不应小于 1.5m；与独立避雷针的接地体之间的距离不应小于 3m。

8. 接地支线不得串联

为了提高接地的可靠性，电气设备的接地支线（或接零支线）应单独与接地干线（或接零干线）或接地体相连，不应串联连接。接地干线（或接零干线）应有两处同接地体直接相连，以提高可靠性。

9. 适当的埋设深度

为减小自然因素对接地电阻的影响，接地体上端埋入深度，一般不应小于

600mm，并应在冻土层以下。

四、关于利用自然接地体

为节省钢材和投资，应尽量利用自然接地。

（1）可以利用的自然接地体凡埋设于地下并与大地有可靠连接的金属管道（但输送可燃可爆介质的管道除外）、金属结构、建筑物或构筑物基础中的钢筋、金属桩等均可做为自然接地体。

（2）可以利用的自然接地线：建筑物的金属结构（如钢梁、钢柱、钢筋）；生产用的金属结构（如吊车轨道、配电装置的构架）、配线的钢管（壁厚不小于1.5mm）；电缆的金属支架；不会引起燃烧或爆炸的金属管道等都可以做为自然接地线。但禁止使用蛇皮管、金属网作接地线。

【思考与练习】

1. 什么是接地装置、接地电阻和接地电流？
2. 对地电压是如何分布的？
3. 接地装置和接零装置有哪些安全要求？
4. 如何利用自然接地体？

模块6　电气安全保护装置（TYBZ03103006）

【模块描述】本模块涵盖剩余电流动作保护装置，电气安全联锁装置。通过装置原理介绍，掌握剩余电流动作保护装置的作用、安装和使用的注意事项，常用电气安全联锁装置的作用、原理及功能。

【正文】

一、剩余电流动作保护装置

剩余电流动作保护器，又通俗的称作触电保安器或简称保护器（保安器），它是有效防止低压触、漏电事故的重要保护电器装置。

（一）剩余电流动作保护装置的作用

剩余电流动作保护的断路器，能够在接地故障电流小至在几个毫安时。就能动作跳闸，断开故障电路，防止电气火灾。剩余电流保护装置在正常发挥作用时，其保护范围只能是：当电路中发生相对地漏电所产生的剩余电流超过规定值时，能够自动切断电源或报警。

在低压侧电源进线处装接带剩余电流保护功能的断路器是一项重要的防火灾措施，其剩余电流保护功能对全建筑物的电弧性接地故障引起火灾进行防护。国际电工标准IEC60364-5-53第531.2.4条规定，TT系统的电源进线处必须装用剩余电流保护装置，TN系统的电源进线处，为切断全建筑物内的电弧性接地故障也应装用。我国《住宅设计规范》（GB 50096）作出每幢住宅楼的总电源进线断路器应具有剩余电流保护功能的明确规定。

因此，为防止电气火灾的发生，应在低压电源进线端安装带过载保护、短路保护、剩余电流动作保护于一体的多功能低压断路器，不仅可以保护线路、保护设备、而且还可以防止因接地故障引起的电气火灾。

（二）安装剩余电流保护装置应注意的问题

（1）仅在线路末端安装保护装置。一般线路干线上断路器的短路整定电流比末端电路大得多，一旦发生电弧性接地故障，干线上断路器不可能切断故障电流，起不到保护作用。因此干线上接地故障引起的电气火灾危险性更大。为此仅在末端安装剩余电流保护装置，是无法保护电气线路单相接地引起的电气火灾的。只有在电气线路的进线端安装剩余电流保护装置，与末端保护形成分级保护方式，其动作特性可协调配合，才能起到保护装置既能防止人身电击事故，又能防止单相接地引起电气火灾事故。

（2）保证接线正确，才能防止误动作。安装保护装置后，如发生不应有的跳闸，其真实原因往往不是保护装置有问题，而是线路接地有问题。例如楼内某一线段的PE线和N线接反，PE线中通过若干的中性线电流，保护装置会跳闸。又如某一相线或N线因施工不慎，绝缘损坏而故障接地，故障电流经地返回电源，也会误跳，不能随意拆除保护装置。

对于大型的住宅楼，如果担心三相泄漏电流的矢量和大于 500mA，也可选用更大的额定动作电流值。按 IEC755 产品标准和我国产品标准，优选值有 0.006A、0.01A、0.03A、0.1A、1A、3A、5A、10A 和 20A 可选用。对住宅楼而言，不宜大于 1A，因为如果泄漏电流的矢量和大于 1A，则该电气设计不合理。一般情况下，可选择 800mA 左右，或选择动作时间为延时型、动作电流可调整的剩余电流动作保护装置。特大住宅楼（也包括其他建筑物）的保护装置可分三级装设。但应考虑每一次保护装置的额定动作电流和动作时间应协调配合，以保证动作的选择性。

（三）剩余电流动作保护器使用中的注意事项

（1）剩余电流动作保护器既能起保护人身安全的作用，还能监督低压系统或设备的对地绝缘状况。

（2）剩余电流动作保护器是在人体发生单相触电事故时，才能起到保护作用的。如果人体对地处于绝缘状态，一旦是触及了两根相线或一根相线与一根中性线时，保护器就并不会动作，即此时它起不到保护作用。

（3）剩余电流动作保护器安装点以后的线路应是对地绝缘的。若对地绝缘降低，漏电电流超过某一定值（通常为 15mA 左右）时，保护器便会动作并切断电源。所以要求线路的对地绝缘必须良好，否则将会经常发生误动作，影响正常用电。

（4）低压电网实行分级保护时，上级保护应选用延时型剩余电流动作保护器，其分断时间应比下级保护器的动作时间增加 0.1～0.2s 以上。

（5）安装在总保护和末级保护之间的剩余电流动作保护器，其额定剩余动作电流值，应介于上、下级剩余电流动作保护器的额定剩余动作电流值之间，且其级差通常应达 1.2～2.5 倍。

（6）总保护的额定剩余动作电流最大值分别不应超过 75～100mA（非阴雨季节）及 200～300mA（阴雨季节）；移动式电力设备及临时用电设备的剩余电流动作保护器动作电流值为 30mA。

（7）低压电网总保护采用电流型剩余电流动作保护器时，变压器中性点应直接接地；电网的中性线不得有重复接地，并应保持与相线一样的良好绝缘；剩余电流动作保护器安装点后的中性线与相线，均不得与其他回路共用。

（8）照明以及其他单相用电负荷要均匀分配到三相电源线上，偏差大时要进行调整，力求使各相漏电电流大致相等；当低压线路为地理线时，三相的长度宜相近。

二、电气安全联锁装置

安全联锁装置是指一些用于安全目的的自动化装置。联锁装置通过机械的或电气的机构使两个动作具有互相制约的关系。下面介绍一些常用的电气安全联锁装置。

（一）防止电气事故的联锁装置

防止电气事故的联锁装置很多，应用非常广泛。有的安全联锁装置是设备自身配带的，如铁壳开关盖上的联锁装置。这种装置能保证开关在合闸状态下不能打开盖，而必须拉开开关后才能开盖；有利于检修安全。有的安全联锁装置安装在各设备之间，保证各设备之间一定的动作顺序，如油开关和隔离开关操作机构之间的联锁装置。这种装置能保证送电时先合上隔离开关才能合上油开关；停电时先拉开油开关才能拉开隔离开关，这就防止了隔离开关带负荷拉闸，有效地防止了由于误操作造成的弧光短路事故。有的安全联锁装置附加在其他设备上，以达到自动换接、自动停车等安全目的，如电容器自动放电装置、两路电源联锁装置、弧焊机空载自停装置等。

（二）防止非电事故的联锁装置

采用电气方法，借助电气安全联锁装置也可以防止某些机械伤害事故、爆炸事故，以及其他非电气性质的事故。这类联锁装置很多，下面只列举几个例子加以说明。

对于要求限制行程的移动机械（或部件），应当在适当的位置装设行程开关。行程开关的常闭触头串联在电源接触器的控制回路里，对接触器实现联锁。除机械式行程开关外，现代又发展了感应式、激光式等先进的行程开关。

矿用大型空压机备有水冷系统。为了保证安全，要求工作时必须先起动水泵，待水到达水套后才能起动主机；而当水泵故障或漏水严重，致使水套或水缸水量不足时，要求主机能自动停车。为了达到这个目的，可以采用带水触点和晶体管线路的联锁装置。

受压容器所能承受的压力有一定的限度。为了监测受压容器内的压力，可采用压电感式压力传感器。

火灾报警装置是典型报警装置。其种类很多，除常用的光电感烟式、离子感烟式、感温式检测器外，还用到红外线式、紫外线式、激光式等特殊形式的检测器。

由金属氧化物半导体材料烧结制成的气敏元件对氢、乙醇、乙醚、汽油、正己烷等可燃气体或蒸气很敏感。随着可燃气体或蒸气浓度的增加，气敏元件的电阻明显下降。利用这一特性，可以制成可燃气体或蒸气的检测和报警装置。

超声波探伤是最常用的探伤方法之一。选用不同的耦合方式、不同的探头位置、不同的波型能制造多种超声波探伤装置。

红外辐射检测是现代检测技术。自然界中任何温度高于绝对零度（−273.16℃）的物体都能辐射红外光。把红外辐射能量转换电学量的装置即红外检测装置。

防止非电事故的电气安全装置应用十分广泛，有的用于控制、有的用于报警、也有的用于检测或监测。其中，绝大多数要用到现代技术手段。这就是说，电气安全装置是现代电气安全工程的组成部分，是值得安全工作者研究的课题之一。

【思考与练习】

1. 剩余电流动作保护装置的作用是什么？
2. 电气安全联锁装置有哪些？

模块 7 过电压及其保护（TYBZ03103007）

【模块描述】本模块包含内部过电压、大气过电压及其防护、防止人身受雷害的常识。通过原理讲解，熟悉过电压及其防护原理。

【正文】

电气设备正常运行时，其绝缘承受的是电网工作电压。但是，由于操作、故障、运行方式改变或雷击等原因，在电气设备的某些部分可能会暂时出现超过正常运行电压数值并危及绝缘的电压升高，此种状况称之为过电压。

过电压按其能量来源可分为内部过电压和外部过电压两类。内部过电压可因操作、故障、谐振、运行状况变化而激发，因其能量来自电网内部，故名为内部过电压；外部过电压系因雷击所致，因其能量来自大气中的雷电，故亦称大气过电压。

过电压将危及电气设备或线路的绝缘，造成设备、建筑物的损坏，从而导致供电中断、引发火灾、爆炸，伤害人畜等事故。因此，必须采取有效的防护措施。

模块
7

TYBZ03103007

一、内部过电压

内部过电压可因操作、故障激发，也可因电网参数匹配满足谐振条件而发生。根据过电压发生的原因不同，内部过电压可分为工频电压升高、操作过电压和谐振过电压，其本质原因都是电网的电磁能量在储能元件（电感和电容）间重新分配所致。

工频电压升高的例子之一是在中性点不接地系统中，发生单相接地故障时，非故障相对地的电压将升高，当金属性接地故障时，其值可达 $\sqrt{3}$ 倍相电压。

操作过电压是指操作行为在电感-电容回路中激发高频振荡暂态过程而引起的过电压。这类过电压常见的例子有切、合空载长线路或切断并联电容器、切断空载变压器或感性负荷、在中性点不接地电网中发生单相间歇弧光接地等情况引起的过电压。

谐振过电压是因电网储能参数-电感和电容匹配符合谐振条件而引起的过电压。最常见的谐振过电压是发生在中性点不接地系统中的电磁式电压互感器引起的铁磁谐振过电压。

电力网中的内部过电压可高达 2.75～4 倍相电压，对电网绝缘的安全运行威胁甚大。但在设计线路和变电所时，其绝缘水平已按内部过电压的计算倍数进行过验算而留有合理的裕度，也采取了一些限制过电压的措施，如采用中性点经消弧线圈接地的运行方式来限制间歇弧光接地过电压；选用灭弧能力强的快速断路器来限制切断空载线路过电压等。因此，电压为 220kV 及以下的线路和变电所的绝缘，一般可耐受通常可能出现的内部过电压，无须再采取其他防护操作过电压或工频电压升高的措施。但对谐振过电压则应采取避开谐振条件的措施，因为谐振过电压是一种稳态现象，持续的时间可能很长，往往会造成严重后果。

上面简单介绍了高压电网的内部过电压及其防护的常识。此外，还应注意用电设备过电压的防护问题。

1. 晶闸管的过电压保护

晶闸管元件过电压发生的原因，主要是交流电源通断时引起的反峰电压、电源电压波动、快速熔断器熔断、感性负载的开闭等造成的。过电压保护的方法是采用电阻、电容来消散或储存产生过电压的电磁能量。

2. 电力电容器的过电压保护

电力电容器的容量与电压的平方成正比。因此，电容器对加在它两端的电压是很敏感的，电压过高将使电容器过载损坏。电容器的额定电压通常比电网电压高 10%，当电网电压可能超过电容器额定电压的 10% 时，宜装设过电压保护，保护装置或发出信号或延时 3～5min 跳闸。

3. 切断大电感线圈过电压

当切断直流电机的励磁绕组以及其他大电感线圈时，由于磁场能量不能突变，会在线圈两端出现过电压。限制这类过电压的方法通常是在线圈的两端并联电阻，靠电阻来消耗线圈中储存的磁场能量。

二、大气过电压及其防护

大气过电压是由雷云对地放电所引起的，它有直击雷过电压和感应雷过电压两种形式。

（一）直击雷过电压的防护

所谓直击雷过电压是雷云直接对线路或电气设备放电时，雷电流在被击物阻抗（包括接地电阻）上产生的电压降。由于雷电流高达数万乃至数十万安培，直击雷过电压可达数千千伏。如此高的电压将可能击穿线路或设备的绝缘，如此大的电流将使被击物体剧烈发热甚至着火燃烧，因此，必须采取有效措施，避免电气设施遭受直击雷害。

防止直击雷害的办法是装设避雷针、避雷线、避雷网和避雷带。这些防雷装置都是由接闪器、接地引下线和接地装置三个部分构成，所不同的只是接闪器的形状各异而分别给予针、线、网、带的名称。

避雷针的工作原理是由于其接闪器（针）比被保护物高出许多，又和大地有良好的连接，雷云与尖端之间的电场最强，因之，雷云总是朝着针放电，或者说雷击总是被引向避雷针，雷电流经接地引下线和接地装置泄入大地，从而避免被保护物受雷击。

避雷针适用于保护集中的物体，如建筑物、构筑物及露天的电力设施。避雷线适用于保护狭长的物体，如架空电力线路。避雷网和避雷带主要用于建筑物的防雷。它们的原理是相同的。

（二）感应雷过电压及其防护

感应雷过电压分为静电感应和电磁感应两种。静电感应是指雷云（多带负电荷）在接近建构筑物顶部、线路、设备或金属管道上感应出异号束缚电荷，当雷云对其他地面目标放电时，上述物体（比如架空线路）上的电荷将失去束缚而成自由电荷，并以电磁波的形式向导线两端高速传播，我们称这种沿导线传播的雷电波为行波，行波不仅会在线路上产生过电压，当它沿线路侵入变电所抵达电气设备时，也会使电气设备的绝缘受过电压的威胁。电磁感应过电压则是雷击线路或地面某目标时，强大的雷电流产生变化率很高的电磁场在附近的金属物体上感应出的过电压。

感应雷的防护措施依被防护对象不同，有的措施是针对建、构筑物的，有的措施是针对电气设备的。

对建筑物防静电感应雷的主要目的在于防止由反击引起的爆炸和火灾。其措施是将金属屋面或钢筋混凝土屋面的钢筋连成通路后妥善接地，要求每隔 18～24m 用引下线接地一次，并且不得少于 2 次，对非金属屋面则用接地的避雷网保护。

模块

7

TYBZ03103007

架空管道等构筑物防电磁感应雷的措施是将平行敷设且其间净距不到 100mm 的长金属物（如金属管道、电缆金属外皮等）每隔 20～30m 用金属线跨接起来。如交叉敷设，当交叉者净距小于 100mm 或管道接头处不能保持良好的金属接触时，交叉处或连接处也须用金属线跨接起来。

（三）变电所防护雷电侵入波过电压的措施

架空线路大都分布在广阔的原野上，由直击雷或者是感应雷所引起的，沿线路传入变电所的雷电侵入波，对电气设备威胁极大。防护的办法是用避雷器来限制作用在被保护设备上的过电压值。

1. 避雷器的种类及用途

变配电设备防护侵入波过电压的主要措施是装设避雷器。避雷器的种类包括有保护间隙、管形避雷器、阀型避雷器、氧化锌避雷器等。其中保护间隙、管型避雷器用来保护开关电器或线路的绝缘；阀型避雷器有良好的保护性能，其中 FS 系列阀型避雷器主要用来保护 10kV 及以下的中小容量变压器及配电装置，FZ 系列阀型避雷器（带有分路电阻）广泛用于 35kV 及以上的变电所防雷保护中，FCD 系列磁吹避雷器则用来保护旋转电机。

2. 直配高压电动机对雷电侵入波的防护

所谓直配高压电动机就是直接通过架空线路供电的电压在 3kV 及以上的电动机。当雷击于架空线及其附近地面时，将有大气过电压波作用于电机绝缘。由于电机绝缘强度远低于同电压级的变压器及其他电气设备，所以，直配高压电动机对雷电侵入波的防护，不能采用普通阀型避雷器，而要采用冲击放电电压和残压更低的专用于保护旋转电机的磁吹阀型避雷器或具有串联间隙的氧化锌避雷器，并采取措施将流过避雷器的雷电流限制到不超过 3kA。此外，还需限制侵入波的陡度，以保护电机的匝间绝缘和中性点绝缘。

一般工厂车间的电动机，如果不是经较长的架空线路供电，同时受到厂区高大树木和建筑物的屏蔽，则可不再装设防雷保护装置。

3. 低压线路终端对雷电侵入波的防护

对于建筑物除防御直击雷和感应雷外，在低压线路进户处也应有防护侵入波的措施。对一般第三类工业建筑物（无爆炸危险场所）是将架空进户线的绝缘子铁脚接地（接地电阻不低于 30Ω）。对于重要的第一、二类工业建筑物（爆炸危险场所），架空电力线路应经金属铠装电缆引入室内（电缆埋地长度应在 50m 以上），入户端的电缆金属外皮接到防感应雷的接地装置上，在电缆与架空线的连接处还应装设阀型避雷器。避雷器、电缆金属外皮、绝缘子铁脚应连接在一起接地，由户外进入的架空管道也应接地，冲击接地电阻不大于 10Ω。

雷电侵入波沿低压线路进入室内，容易造成严重后果。对于重要用户，最好全部采用直接埋地电缆供电。对于重要性低一些的用户。可采用全部架空线供电，但须在进户处装设一组阀型避雷器或保护间隙，并将邻近的三根电杆的绝缘子铁脚接地。对一般用户，将进户线绝缘子铁脚接地即可。在少雷区，低压线路沿线有高大建筑物屏蔽，接户线的绝缘子铁脚可不接地。

三、防止人身受雷害的常识

（1）野外遇着雷电时，不要站在高大的树木下，也不要接触或靠近避雷针或高大的金属物体，应寻找屋顶下有较大空间的房屋避雨。如无合适场所避雨，可双脚并拢蹲下，并将手中握持的金属物体抛弃。打雷时，不要在河边洼地等潮湿的地方停留，不要在河水中游泳。

（2）雷电时，禁止在室外变电所进户线上进行检修作业或试验。室内人员最好远离电线、无线电天线以及与其相连的设备 1.5m 以外。

（3）电子设备的外接天线应有可靠的防雷措施。在雷雨季节不要使用室外天线，以免将雷电引入电视机等电子设备，造成电视机爆炸及人身被雷击事故。

【思考与练习】

1. 什么是内部过电压？如何进行过电压保护？
2. 什么是大气过电压？如何进行其防护？

模块 8　电气装置防火与防爆（TYBZ03103008）

【模块描述】本模块介绍电气火灾原因、电气装置灭火、防爆电气设备和电气防火防爆。通过定性分析、设备功能介绍和要点讲解，掌握电气火灾和爆炸的原因、电气灭火方法及安全要求、防爆电气设备的类型、电气防火和防爆的措施。

【正文】

一、电气火灾爆炸的原因

1. 发热原因

引起电气设备和导体过热的不正常运行情况大体有五种。

（1）短路。发生短路时，线路中电流增加为正常时的几倍甚至几十倍，而产生的热量又和电流平方成正比，使温度急剧上升大大超过允许范围。如果达到可燃物的自燃点，即引起燃烧，从而可导致火灾。短路的主要原因为：① 绝缘老化变质；② 机械磨损和铁锈腐蚀使绝缘破坏；③ 雷击等过电压作用，绝缘击穿；④ 设备的额定电压太低，不符合工作电压的要求，使绝缘被击穿而短路；⑤ 接线和操作错误造成短路；⑥ 污物聚集、小动物跨接造成短路；⑦ 雷电放电。

（2）过载。电流通过导线，启发热温度在不超过 65℃ 时，导线上允许连续通过的电流称为安全电流或安全载流量。超过安全载流量叫做导线过负荷，即过载。

（3）接触不良。接头和触点的接触不良会因为接触电阻、电弧或电火花发热。

（4）铁心发热。如果铁心绝缘被破坏或长时间过电压，涡流损耗和磁滞损耗将增加过热。

（5）散热不良。电气设备的散热或通风措施受到破坏，造成设备过热。

2. 电火花和电弧

电弧是大量电火花汇集成的。电弧温度可高达 6000℃。因此电火花或电弧不仅能引起绝缘物质燃烧，而且可以引起金属熔化、飞溅，构成火灾、爆炸的火源。

电火花可分为工作火花和事故火花。工作火花如开关或接触器触头分合时的火花。事故火花是电器或线路发生故障时产生的火花。如发生短路时产生的火花，绝缘损坏或熔断丝熔断时出现的闪络等。事故火花还包括外来原因产生的火花。如雷电火花、静电火花、高频感应电火花等。

二、电气装置灭火

电气装置火灾有两个不同于其他火灾的特点：其一是着火的电气设备可能是带电的，扑救时要防止人员触电；其二是充油电气设备着火后可能发生喷油或爆炸，造成火势蔓延。因此，在进行电气灭火时应根据起火场所和电气装置的具体情况，采取必要的安全措施。

1. 先断电后灭火

发生电气装置火灾时，应先切断电源，而后再扑救。切断电源时应注意以下几点安全事项：

（1）应遵照规定的操作程序拉闸，切忌在忙乱中带负荷拉刀闸。高压停电应先拉开断路器而后拉开隔离开关；低压停电应先拉开自动开关而后再拉开闸刀开关；电动机停电应先按停止按钮释放接触器或磁力起动器而后再拉开闸刀开关，以免引起弧光短路。由于烟熏火燎，开关设备的绝缘能力会下降，因此，操作时应注意自身的安全。在操作高压开关时，操作者应戴绝缘手套和穿绝缘靴；操作低压开关时，亦应尽可能使用绝缘工具。

（2）剪断电线时应使用绝缘手柄完好的电工钳；非同相导线或火线和零线应分别在不同部位剪断，以防在钳口处发生短路。剪断点应选择在靠电源方向有绝缘支持物的附近，防止被剪断的导线落地后触及人体或短路。

（3）如果需要电力部门切断电源，应迅速用电话联系。

（4）断电范围不宜过大，如果是夜间救火，要考虑断电后的临时照明问题。切断电源后，电气火灾可按一般性火灾组织人员扑救，同时向公安消防部门报警。

2. 带电灭火的安全要求

发生电气火灾，一般应设法断电。如果情况十分危急或无断电条件。为防止人身触电，带电灭火应注意以下安全要求：

（1）因为可能发生接地故障，为防止跨步电压和接触电压触电，救火人员及所使用的消防器材与接地故障点要保持足够的安全距离：在高压室内这个距离为4m；室外为8m。进入上述范围的救火人员要穿上绝缘靴。

（2）带电灭火应使用不导电的灭火剂，例如二氧化碳、四氯化碳、1211和干粉灭火剂。不得使用泡沫灭火剂和喷射水流类导电性灭火剂。灭火器喷嘴离10kV带电体不应小于0.4m。

（3）允许采用泄漏电流小的喷雾水枪带电灭火。要求救火人员穿上绝缘靴，戴上绝缘手套操作。水枪的金属喷嘴应接地，接地线可采用截面积为2.5～6mm²、长约20～30m的编织软导线，接地极可采用打入地下长1m左右的角钢、钢管或铁棒。喷嘴至带电体的距离不应小于3m（110kV及以下者）。

（4）对架空线路或空中电气设备进行灭火时，人体位置与带电体之间的仰角不应超过45°，以防导线断落威胁灭火人员的安全。

（5）如遇带电导线断落地面，应划出半径约8～10m的警戒区，以避免跨步电压触电。未穿绝缘靴的扑救人员，要防止因地面积水而触电。

3. 充油电气设备的灭火要求

变压器、油断路器等充油电气设备着火时，有较大的危险性。如只是设备外部着火，且火势较小，可用除泡沫灭火器外的灭火器带电扑救。如火势较大，应立即切断电源进行扑救（断电后允许用水灭火）。备有事故贮油池者应将油放进贮油坑，坑内的油火可用干砂或泡沫灭火剂灭火，但地面上的油火不得用水喷射，以防油火飘浮水面而蔓延扩大。注意防止燃烧的油流入电缆沟而顺沟蔓延。沟内的油火只能用泡沫灭火剂覆盖扑灭。

旋转电机着火时，为防止转轴和轴承变形，可边盘动边灭火。可用喷雾水、二氧化碳灭火，但不宜用泥沙、干粉灭火，以免砂土落入内部，损坏机件，并给事后清理带来困难。

电缆灭火时，应佩戴正压式空气呼吸器以防中毒和窒息。

三、防爆电气设备的类型

1. 隔爆电气设备的类型

具有隔爆外壳的电气设备，是指把能点燃爆炸性混合物的部件封闭在一个外壳内，该外壳能承受内部爆炸性混合物的爆炸压力并阻止向外壳周围的爆炸性混合物传爆的电气设备。其防爆型的标志为"d"。

2. 增安型电气设备

正常运行条件下，不会产生点燃爆炸性混合物的电弧、火花或危险温度，并在结构上采取措施，提高其安全程度，以避免在正常和规定过载条件下出现这些现象的电气设备。其防爆型式的标志为"e"。

3. 本质安全型电气设备

在规定试验条件下，正常工作或规定的故障状态下产生的电火花和热效应均不能点燃爆炸性混合物的电路为本质安全电路。全部电路为本质安全电路的电气设备称为本质安全型电气设备。其防爆型式的标志为"i"。

4. 正压型电气设备

保持内部保护气体的压力高于周围爆炸性环境的压力，阻止外部混合物进入的外壳，称为正压外壳。具有正压外壳的电气设备称为正压型电气设备。根据正压保持方式分为以下两种型式。

（1）正压通风型是采取保护性气体连续通过正压外壳的方法，使壳内保持正压，以达到阻止环境中的爆炸性气体混合物进入到壳内，与点火源接触。

（2）正压补偿型是采取在各个排气口封闭时，对正压外壳和管道内保持气体不可避免的泄漏，使壳内保持正压，以阻止环境中的爆炸性气体混合物进入壳内与点火源接触。保护性气体为空气或不燃气体。其防爆型式的标志为"p"。

5. 充油型电气设备

全部或部分浸在变压器油内使设备不能点燃油面以上的或外壳以外的爆炸性混合物的电气设备。

充油型电气设备须制成固定式设备。产生火花、电户或危险温度的零部件进入油中的深度至少不小于 25mm。油的允许温度须不超过＋100℃。其防爆型式的标志为"o"。

6. 充砂型电气设备

外壳内充填砂粒材料，是指在规定的使用条件下，壳内产生的电弧，传播的火焰、外壳壁或砂粒材料表面的过热均不能点燃周围爆炸性混合物的电气设备。其防爆型式的标志为"q"。

7. 无火花型电气设备

在正常运行（指设备在电气、机械上符合设计技术规范要求，并在制造厂规定的限度内使用）条件下，不会点燃周围爆炸性混合物，且一般不会发生有点燃作用的故障的电气设备。其防爆型式的标志为"r"。

8. 特殊性电气设备

除上所述七种防爆类型以外的防爆电气设备，其标志为"s"。它的防爆性能和安全程度须经国家认可的检验机关检验后，方可确定。

四、电气防火防爆措施

电气装置的防火要求：

（1）电气装置要保证符合规定的绝缘强度。

（2）限制导线的载流量，不得长期超载。

（3）严格按照安装标准装设电气装置，质量合格。

（4）根据环境条件（如潮湿、多尘、易燃、易爆、腐蚀性等）选择适当的设备。

（5）经常监视负荷，不使设备过热；如电缆敷设时要保持与热管路有足够距离。对于不符合规定的部位，应采取阻燃、隔热措施。控制电缆与动力电缆应分槽、分层并分开布置，不能层间重叠放置。

（6）防止由于机械损伤、绝缘破坏、接线错误等造成的短路。

（7）按电气装置的性能合理使用。

（8）异线或其他导体的接触点必须牢固，防止过热氧化，铜–铝导线连接时，要注意防止电化腐蚀，注意检查铝导线接头有无腐蚀松动或过热现象。

（9）工艺过程中产生静电时，要设法消除。

（10）采取防火阻燃措施。防止电缆火灾延燃的措施有：封、堵、涂、包、水喷雾和其他。凡穿越墙壁、楼板和电缆沟道而进入控制室、电缆夹层、控制柜及仪表盘、保护盘等处的电缆孔、洞、竖井和进入油区的电缆入口处必须用防火堵料严密封堵。沿电缆可涂以耐火涂料或其他阻燃物质。靠近充油设备的电缆沟，应设有防火延燃措施，盖板应封堵。

【思考与练习】

1. 电气火灾爆炸的原因有哪些？

2. 如何进行电气装置灭火？

3. 防爆电气设备的类型有哪些？

4. 如何进行电气防火防爆？

模块
8

TYBZ03103008

第四章 触电伤害与现场急救

模块 1 触电对人体的伤害（TYBZ03104001）

【模块描述】本模块介绍触电伤害程度与电流大小、伤害程序与电流持续时间、伤害程序与电流途径、伤害程度与电流种类等的关系。通过概念解释和定性分析，了解触电对人体的伤害程度。

【正文】

电流对人体伤害的程度与通过人体电流的大小、电流通过人体的持续时间、电流通过人体的途径、电流的种类等多种因素有关。而且，上述各个影响因素相互之间，尤其是电流大小与通电时间之间也有着密切的联系。

1. 伤害程度与电流大小的关系

通过人体的电流愈大，人体的生理反应愈明显，伤害愈严重。对于工频交流电，按通过人体的电流强度的不同以及人体呈现的反应不同，将作用于人体的电流划分为三级：

（1）感知电流。感知电流是指电流流过人体时可引起感觉的最小电流。成年男性平均感知电流约为 1.1mA（有效值，下同）；成年女性约为 0.7mA。对于正常人体，感知阈值平均为 0.5mA，并与时间因素无关。感知电流一般不会对人体造成伤害，但可能因不自主反应而导致由高处跌落等二次事故。

（2）摆脱电流。摆脱电流是指人在触电后能够自行摆脱带电体的最大电流。成年男性平均摆脱电流约为 16mA；成年女性平均摆脱电流约为 10.5mA；成年男性最小摆脱电流约为 9mA；成年女性最小摆脱电流约为 6mA；儿童的摆脱电流较成人要小。

（3）室颤电流。室颤电流是指引起心室颤动的最小电流，由于心室颤动几乎终将导致死亡，因此，可以认为，室颤电流即致命电流。室颤电流与电流持续时间关系密切。如图 TYBZ03104001-1 所示。当电流持续时间超过心脏周期时，室颤电流仅为 50mA 左右；当电流持续时间短于心脏周期时，室颤电流为数百毫安。当电流持续时间小于 0.1s 时，只有电击发生在心脏易损期，500mA 以上乃至数安的电流才能够引起心室颤动。

2. 伤害程度与电流持续时间的关系

通过人体电流的持续时间愈长，电流对人体引起的热伤害、化学伤害及生理伤害就愈严重。特别是电流持续时间的长短和心室颤动有密切的关系。从现有的资料看，最短的电击时间是 8.3ms，超过 5s 的很少。从 5s 到 30s，引起心室颤动的极限电流基本保持稳定，并略有下降。更长的

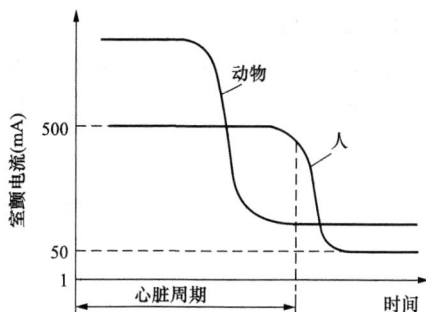

图 TYBZ03104001-1　室颤电流与时间的关系

电击时间，对引起心室颤动的影响不明显，而对窒息的危险性有较大的影响，从而使致命电流下降。另外，电流持续时间愈长，人体电阻因出汗等原因而降低，使通过人体的电流进一步增加，危险性也随之增加。

3. 伤害程度与电流途径的关系

电流通过心脏、脊椎和中枢神经等要害部位时，电击的伤害最为严重。因此从左手到胸部以及从左手到右脚是最危险的电流途径。从右手到胸或重右手到脚、从手到手等都是很危险的电流途径，从脚到脚一般危险性较小，但不等于说没有危险。例如由于跨步电压造成电击时，开始电流仅通过两脚间，电击后由于双足剧烈痉挛而摔倒，此时电流就会流经其他要害部位，同样会造成严重后果；另一方面，即使是两脚受到电击，也会有一部分电流流经心脏，这同样会带来危险。

4. 伤害程度与电流种类的关系

25～300Hz 的交流电流对人体具有伤害作用远大于直流电。同时对交流电来说，伤害程度最高的是工频交流电，但低于或高于以上频率范围时，它的伤害程度就会显著减轻。

5. 人体阻抗的影响

在一定的电流作用下，流经人体的电流大小和人体阻抗成反比，因此人体阻抗的大小对电击后果产生一定的影响。人体阻抗有皮肤阻抗和体内阻抗之分。皮肤阻抗随条件不同，使得人体阻抗的变化幅度很大。当人体皮肤处于干燥、洁净和无损伤的状态时，人体工频总阻抗一般为 1000～3000Ω。当皮肤处于潮湿状态，如湿手、出汗，人体阻抗会降到 1000Ω 左右。如皮肤完全遭到破坏，人体阻抗将下降到 600～800Ω 左右。

6. 人体状况的影响

电流对人体的作用，女性比男性更敏感，女性的感知电流和摆脱电流约比男性低三分之一。由于心室颤动电流约与体重成正比，因此小孩遭受电击比成人危险。此外，当人的情绪低落时感受的伤害会加重。

【思考与练习】

1. 伤害程度与电流大小的关系和伤害程度与电流持续时间的关系如何？
2. 伤害程度与电流途径的关系和伤害程度与电流种类的关系如何？

模块 2 触电伤害 (TYBZ03104002)

【模块描述】 本模块介绍触电对人体的伤害。通过概念解释及定性分析，了解电击、电伤、电磁场、雷击、静电对人体的伤害特点。

【正文】

一、电流伤害

1. 电击

电击是电流通过人体，破坏人的心脏、中枢神经系统、肺部等重要器官的正常工作而对人体造成伤害。由于人体触及带电导线、漏电设备的外壳或其他带电体，以及由于雷击或电容放电，都可能导致电击。人体遭受电击所产生的效应和后果的严重程度受电流大小、持续时间、电流通过人体的路径及电流的种类等的影响，轻者有打击疼痛感，重者致死。

通常所说的触电基本上是指电击而言的。对低压系统，在通电电流较小、通电时间不长的情况下，电流引起人的心室颤动是电击致死的主要原因；在触电时间较长、触电电流更小的情况下，窒息也会成为电击致死的原因。

2. 电伤

电伤是电流的热效应、化学效应或机械效应对人体造成的伤害。包括电弧烧伤、烫伤、电烙印、电气机械性伤害、电光眼等不同形式的伤害。与电击相比，电伤多属局部性伤害，但电伤往往与电击同时发生。

电弧烧伤是由弧光放电造成的烧伤。电弧发生在带电体与人体之间，有电流通过人体的烧伤称为直接电弧烧伤；电弧发生在人体附近，对人体形成的烧伤以及被熔化金属溅落的烫伤称为间接电弧烧伤。弧光放电时电流很大，能量也很大，电弧温度高达数千摄氏度，可造成大面积的深度烧伤，严重时能将机体组织烘干、烧焦。电弧烧伤既可以发生在高压系统，也可以发生在低压系统。在低压系统，带负荷（尤其是感性负荷）拉开裸露的闸刀开关时，产生的电弧会烧伤操作者的手部和面部；当线路发生短路，开启式熔断器熔断时，炽热的金属微粒飞溅出来会造成灼伤；因误操作引起短路也会导致电弧烧伤等。在高压系统，由于误操作，会产生强烈的电弧，造成严重的烧伤；人体过分接近带电体，其间距小于放电距离时，直接产生强烈的电弧，造成电弧烧伤，严重时会因电弧烧伤而死亡。还有电弧燃烧所产生的有毒气体（一氧化碳、铝及铜蒸汽等）对人的呼吸系统也造成伤害。

电烙印是电流通过人体后，在皮肤表面接触部位留下与接触带电体形状相似的斑痕，如同烙印。斑痕处皮肤呈现硬变，表层坏死，失去知觉。

机械损伤多数是由于电流作用于人体，使肌肉产生非自主的剧烈收缩所造成的。其损伤包括肌腱、皮肤、血管、神经组织断裂以及关节脱位乃至骨折等。

皮肤金属化是由高温电弧使周围金属熔化、蒸发并飞溅渗透到皮肤表层内部所造成的。受伤部位呈现粗糙、张紧。

电光眼的表现为角膜和结膜发炎。弧光放电时辐射的红外线、可见光、紫外线都会损伤眼睛。在短暂照射的情况下，引起电光眼的主要原因是紫外线。

二、电磁场伤害

空间电磁波可以通过人体皮肤及其他器官，汇集于大脑，干扰人们的植物神经和中枢神经，从而影响人们大脑接收外界信息，使人产生神情烦躁、恐慌、心律紊乱等不正常的生理现象，导致人体的多种疾病发生。

辐射到人体上的电磁波，一部分会被人体表面的皮肤和衣物反射或折射出去，另一部分则会被表皮所吸收，并对人体的细胞组织和神经系统产生作用。许多发达国家早在 50 年代初就开始了电磁辐射对人体影响的研究。大量的动物实验和长期的人体观察表明，电磁辐射确实能对人体产生不良作用——一是使人体细胞组织的温度升高而发生形态学改变；二是对人体神经系统发生作用产生功能性改变。

电磁辐射对人体的危害主要表现在它对人体神经系统的不良作用，其主要症状是神经衰弱，具体表现为头昏脑胀、无精打采、失眠多梦、疲劳无力，以及记忆力减退和心情沮丧等，有时还有头痛眼胀、四肢酸痛、食欲不振、脱发、多汗、体重下降等现象。人经常连续长时间看电视或计算机屏幕，尤其是在人的眼和耳疲劳后，为了看清楚而在更近的距离上观看时，常会在第二天或一段时间里出现上述部分感觉或症状。国外医学研究表明，"使用电脑终端机每周超过 20 小时的妇女流产几率较高"。尽管其中有我们人体自然疲劳的因素，但电磁辐射的不良作用却是不能忽视的。

所以经常工作于高频设备附近的人员，常会发生精神疲倦、手抖、手痛、失眠等现象，要在工作结束很长时间后上述症状才能消除，身体才能恢复，所以高频电磁场对人体有害。

三、雷击伤害

雷电是自然界的一种放电现象。本质上与一般电容器的放电现象相同，所不同的是作为雷电放电的两个极板大多是两块雷云，同时，雷云之间的距离要比一般电容器极板间的距离大得多，通常可达数公里。除多数放电在雷云之间发生外，也有一小部分的放电会发生在雷云和大地之间，即所谓落地雷。就雷电对设备和人身的

模块 2

TYBZ03104002

TYBZ03104003

危害来说，主要危险是来自于落地雷。

落地雷具有很大的破坏性，其电压可高达数百万到数千万伏，雷电流可高至几十千安，少数可高达数百千安。雷电的放电时间较短，大约只有 50～100μs。雷电具有电流大、时间短、频率高、电压高的特点。

雷击是一种自然灾害，强大的雷电流通过被击物体时，产生大量的热量，使物体遭到破坏。当人体遭到雷击时，会立即引起心脏纤维性颤动，并导致死亡，或者人体组织受到严重破坏，所以雷击触电者下肢皮肤常有焦死或者树枝状的放电痕迹；雷击还可以使人心理上发生变化而引起中毒，有时会在雷击触电发生几小时后突然死亡。

四、静电伤害

静电现象是一种常见的带电现象，主要是由于不同物质的互相摩擦产生，摩擦速度越高、距离越长、压力越大，摩擦产生的静电越多；另外产生静电的多少还和两种物质的性质有关。如雷电或电容器残留电荷、摩擦带电等。在生产和生活中，一些不同的物质相互接触和分离或互相摩擦就会产生静电。例如在生产工艺中的挤压、切割、搅拌、喷溅、流动和过滤，以及生活中的行走、起立、穿脱衣服等都会产生静电。

静电有一个很大的特点就是静电电量不大而静电电压很高，有时可高达数万伏特，甚至 10 万伏特以上。静电电量虽然不大，但其电压很高，很容易发生放电，出现静电火花。这样，在有可燃液体的作业场所（如油料装运等），可能因静电火花引起火灾；在有气体、蒸汽爆炸性混合物或有粉尘、纤维爆炸性混合物的场所，可能因静电火花引起爆炸。另外，当人体接近带静电物体的时候，或带静电电荷的人体接近接地体时，会产生电击伤害。

【思考与练习】

1. 电流伤害有哪几种？危害如何？
2. 电磁场伤害、雷击伤害、静电伤害的危害如何？

模块 3　安全电流和安全电压（TYBZ03104003）

【模块描述】本模块介绍安全电流和安全电压。通过概念解释和要点讲解，掌握安全电流的概念、安全电压值、安全电压的选用、安全电压的取得等知识。

【正文】

一、安全电流

电流通过人体内部，对人体伤害的程度与通过人体电流的大小、持续时间、途径、电流的频率以及人体的健康状况等多种因素有关。而且各因素不是互相孤立的，特别是电流的大小和电流通过人体的时间之间有着十分密切的关系。

为了保证人身安全，一般以触电后人体未产生有害的生理效应作为安全的基准。安全电流可分为容许安全电流和持续安全电流。当人发生触电，通过人体的电流值不大于摆脱电流的电流值称容许安全电流。按国家标准《人身安全电流》将摆脱电流值定为 10mA，对矿井或金属容器内等作业则规定为 6mA。当人体发生触电，通过人体的电流大于摆脱电流且与相应的持续通电时间对应的电流值称持续安全电流。交流持续安全电流值与持续通电时间的关系为 $I_{AC}=10+10/t$。式中的 t 为持续通电时间（s）。

作用于人体的电流，交流为 50～60Hz、10mA，直流为 50mA 时，人手仍能脱离电源，无生命危险，故可把交流 50～60Hz、10mA 及直流 50mA 确定为人体的安全电流值。

当通过人体的电流低于这个数值时，一般人体是不会受到伤害的。但是，如果电流长时间流过人体，再加上别的不利因素，那么人体也就可能不安全了。

二、安全电压

从保护人身安全的意义来说，可以称人体持续接触而不会使人直接致死或致残的电压为安全电压。但电气安全技术所规范的安全电压具有其特定的含义，即安全电压是为防止触电事故而采用的由特定电源供电的电压系列。这一定义的内涵有三：一是采用安全电压可防止触电事故的发生；二是安全电压必须由特定的电源供电；三是安全电压有一系列的数值，各适用于一定的用电环境。根据不同的环境，正确选用相应额定值的安全电压作为供电电压，对于那些人们需要经常接触和操作的移动式或携带式用电器具（如行灯、手电钻等）来说，是一项防止触电伤亡事故的重要技术措施。

1. 安全电压值

安全电压值的规定是以通过人体的电流（不超过安全电流）与人体电阻的乘积为依据的，即 $U_s=I_sR$。式中的 U_s 为安全电压（V）；I_s 为安全电流（A）；R 为人体电阻（Ω）。

由于安全电流与通电持续时间有很大的关系且因人而异，而人体电阻又是非线性电阻。其阻值随施于人体的电压而明显下降，而且还与皮肤干湿状况、工作场所的环境条件（干湿、脏洁情况）等诸多因素有关。因此，在理论上安全电压不是个确定数值。但是，我们仍可以在一定的条件下对安全电压值做出一般性的标准规定。例如日本电气协会技术调查委员会、国际电工委员会（IEC）制定的标准以及我国颁布的《低压电路接地保护导则》都对安全电压系列的上限值作出同样的规定：即人体在状态正常、手脚皮肤干燥的情况下，在接触电压后有较大危险性的场所，可取安全电流 I_s=30mA、人体电阻 R_b=1700Ω，相应的工频安全电压上限值 $U_s = I_sR_b =$

$0.03 \times 1700 \approx 50V$。

2. 安全电压的选用

安全电压等级的选用必须考虑用电场所和用电器具对安全的影响。由于目前现场极少使用 42V 和 6V 这两个电压等级，所以，现场选用安全电压的依据是：凡高度不足 2.5m 的照明装置、机床局部照明灯具、移动行灯、手持电动工具（如手电钻）以及潮湿场所的电气设备，其安全电压可采用 36V。凡工作地点狭窄、工作人员活动困难、周围有大面积接地导体或金属结构（如在金属容器内），因而存在高度触电危险的环境以及特别潮湿的场所，则应采用 12V 为安全电压。

3. 安全电压的取得

为了确保人身安全，提供安全电压的电源应符合下列条件：

（1）采用独立的特定电源供电，以保证在正常和故障情况下，任何两根导线间或任一导线与地之间的电压均不得超过 GB 3805—1983 规定的安全电压等级系列的上限值：50V。这一要求在于强调安全电压必须由双绕组变压器降压获得，而不可由自耦变压器或电阻分压器获得。因为负载虽然可从后者取得低压，但导线对地电压将超过 50V（图 TYBZ03104003-1 中 A 点对地电压为 220V），人体触及馈线时仍然是危险的。而采用双绕组变压器降压时，其输入电路与输出电路在电气上是被绝缘隔离开的，不会发生上述触电危险。

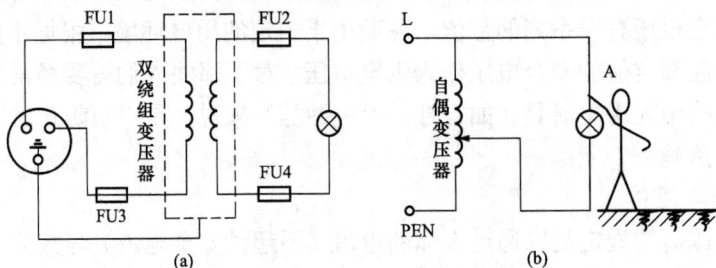

图 TYBZ03104003-1 行灯用安全电压的取得方式
（a）正确（双绕组变压器）；（b）错误（自耦变压器）

（2）工作在安全电压下的电路，必须与其他电气系统和任何无关的可导电部分实行电气上的隔离。例如不得将安全电压馈线与电压超过 65V 的其他电气回路共管敷设。在多种电压回路集中的处所，应在安全变压器的一、二次绕组作明显标志，以避免混淆错接。

（3）当电气设备采用 24V 以上安全电压时，必须采取防止直接接触带电体的保护措施。如 36V 行灯的握持部位应采用橡胶绝缘柄。

（4）安全变压器的铁心和外壳均应接地，以防止一、二次绕组间绝缘击穿时，高压窜入低压回路引起触电危险。此外，还应在高、低压回路中装设熔断器作短路保护。

【思考与练习】

1. 安全电流是如何规定的？
2. 如何选用安全电压？

模块 4 人体触电的方式和事故规律（TYBZ03104004）

【模块描述】 本模块介绍触电接触方式和触电事故的分布规律。通过触电接触方式介绍和事故规律的分析，提高人体防止触电的能力。

【正文】

一、触电接触方式

按照实际情况考虑，把接触方式分为单极接触、双极接触和跨步电压接触三类。

（一）单极接触

单极接触，也称单相触电，这是指人体接触到地面或其他接地导体的同时，人体另一部位触及某一相带电体所引起的电击。发生电击时，所触及的带电体为正常运行的带电体时，称为直接接触电击。而当用电设备发生事故（例如绝缘损坏，造成设备外壳意外带电的情况下），人体触及意外带电体所发生的电击称为间接接触电击。根据国内外的统计资料，单相触电事故占全部触电事故的 70% 以上。因此，防止触电事故的技术措施应将单相触电作为重点。

1. 中性点直接接地的供电系统下的单极接触

这种触电情况在使用家用电器时最为常见。一般城市低压电网均采用变压器中性点直接接地的供电系统，因此接在这种电网上的电器就处于这样的运行条件下。下述三种常见的触电情况都属于这一类型的单极接触。

（1）用手插、拔插头时不慎碰到插头上外露的带电铜片。

（2）由于电线长期使用、弯折、磨损，使外包绝缘损坏，人的手接触到裸露的带电相线。

（3）由于电器的绝缘损坏造成相线带电部分接触金属外壳，而人体又接触到带电的金属外壳。

2. 中性点不接地供电系统下的单极接触

中性点不接地供电系统下的单极接触如图 TYBZ03104004-1 所示。

由于变压器中性点没有接地，因此当人们

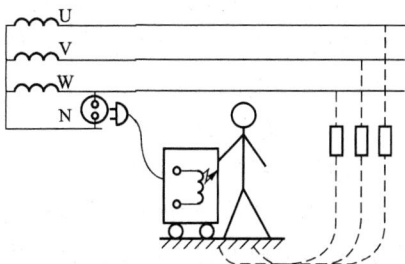

图 TYBZ03104004-1 中性点不接地的供电系统下的单极接触

接触到某一相的电压时，没有直接构成电气回路的途径。一般来说，这样是比较安全的，不至于造成生命危险。

在电网为架空线供电，且布线也不太长的情况下，由于分布电容所造成的容抗可以视为无穷大，此时分布阻抗 $Z=R_i$，也就是取决于电网的绝缘电阻。当电网绝缘良好的，R_i 也可视为无穷大，这样流过人体的电流接近于零，因此不会造成危险。但是，当电网绝缘下降到一定程度时，尤其是在一相接地的情况下，人体触及到另一相就等于接触到线电压。此时危险程度与双极接触相同，比中性点直接接地的供电系统下的单极接触还要危险。

此时，尽管电网绝缘情况良好，但由于布线密集度大，导线很长，这样由于分布电容所造成的阻抗很低，致使 Z 值大大减小。在这种情况下，人们接触到其中一相时虽是单相接触，但也可能有生命危险。

（二）双极接触

双极接触，这是指人体的两个部位同时触及两相带电体所引起的电击。在此情况下，人体所承受的电压为三相系统中的线电压，即电流将从一相导体进人体流入另一相导体，这种危险情况非常大。

这种电击情况下流过人体的电流完全取决于与电流流过途径相对应的人体电阻和电网的线电压（有时为相电压）。

以 380/220V 三相四线制为例，这时加载于人体的电压为 380V，人体电阻按 1700Ω 计算，则流过人体内部的电流将达 224mA，足以致人死亡。因此双极接触时流过人体电流要比单极接触时严重的得多，危险性也大得多。为了防止双极接触，必须采取措施防止电器的任何带电部分裸露，同时必须采用安全可靠的插座。

（三）跨步电压

跨步电压触电，这是指站立或行走的人体，受到出现于人体两脚之间的电压，即跨步电压作用所引起的电击。虽然人体任何部分均未与电气设备直接接触，但当设备漏电或对外壳绝缘损坏时，通过电器的保护接地极在地面上形成一个向外扩散的电流场。当人的双足处于不同的电位上时，人体就通过双足而受到电击，双足间所承受的电压叫做跨步电压。一般离接地设备的接地极越近，这一跨步电压越大。当这一跨步电压足够大时，也会击倒触电者造成事故。

（四）剩余电荷触电

电气设备的相同绝缘和对地绝缘都存在电容效应。由于电容器具有储存电荷的性能，因此在刚断开电源的停电设备上，都会保留一定量的电荷，称为剩余电荷。如此时有人触及停电设备，就有可能遭受剩余电荷的电击。另外，如大容量电力设备和电力电缆、并联电容器等遥测绝缘电阻后或耐压试验后都会有剩余电荷的存在。设备容量越大、电缆线路越长，这种剩余电荷的积累电压就越高。因此，在遥测绝缘电阻或耐压试验工作结束后，必须注意充分放电，以防剩余电荷触电。

（五）感应电压触电

由于带电设备的电磁感应和静电感应作用，能使附近的停电设备上感应出一定的电位，其数量的大小决定于带电设备电压的高低、停电设备于带电设备两者接近程度的平行距离、几何形状等因素。感应电压往往是在电气工作者缺乏思想准备的情况下出现的，因此，具有相当大的危险性。在电力系统中，感应电压触电事故屡有发生，甚至造成伤亡事故。

（六）静电触电

静电电位可高达数万伏特至数十万伏特，可能发生放电，产生静电火花，引起爆炸、火灾，也可能造成对人体的电击伤害。由于静电电击不是电流持续通过人体的电击，而是由于静电放电造成的瞬时冲击性电击，能量较小，通常不会造成人体心室颤动而死亡。但是往往造成二次伤害，如高处坠落或其他机械性伤害，因此同样具有相当大的危险性。

二、触电事故的分布规律

大量的统计资料表明，触电事故的分布是具有规律性的。触电事故的分布规律为制订安全措施，最大限度地减少触电事故发生率提供了有效依据。根据国内外的触电事故统计资料分析，触电事故的分布具有如下规律。

1. 触电事故季节性明显

一年之中，二、三季度是事故多发期，尤其在 6～9 月份最为集中。其原因主要是这段时间正值炎热季节，人体穿着单薄且皮肤多汗，相应增大了触电的危险性。另外，这段时间潮湿多雨，用电设备的绝缘性能有所降低。再有，这段时间许多地区处于农忙季节，用电量增加，农村触电事故也随之增加。

2. 低压设备触电事故多

低压触电事故远多于高压触电事故，其原因主要是低压设备远多于高压设备，而且，缺乏用电安全知识的人员多是与低压设备接触。因此，应当将低压方面作为防止触电事故的重点。

3. 携带式设备和移动式设备触电事故多

这主要是因为这些设备经常移动，工作条件较差，容易发生故障。另外，在使用时需用手紧握进行操作。

4. 用电连接部位触电事故多

在用电连接部位机械牢固性较差，用电可靠性也较低，是用电系统的薄弱环节，较易出现故障。

5. 农村触电事故多

这主要是因为农村用电条件较差，设备简陋，技术水平低，管理不严，用电安全知识缺乏等。

6. 冶金、矿业、建筑、机械行业触电事故多

这些行业存在工作现场环境复杂，潮湿、高温，移动式设备和携带式设备多，现场金属设备多等不利因素，使触电事故相对较多。

7. 青年、中年人以及非电工人员触电事故多

这主要是因为这些人员是设备操作人员的主体，他们直接接触用电设备，部分人还缺乏用电安全的知识。

8. 误操作事故多

这主要是由于防止误操作的技术措施和管理措施不完备造成的。

触电事故的分布规律并不是一成不变的，在一定的条件下，也会发生变化。例如，对电气操作人员来说，高压触电事故反而比低压触电事故多。而且，通过在低压系统推广漏电保护装置，使低压触电事故大大降低，可使低压触电事故与高压触电事故的比例发生变化。上述规律对于用电安全检查、用电安全工作计划、实施用电安全措施以及用电设备的设计、安装和管理等工作提供了重要的依据。

【思考与练习】

1. 人体触电接触方式有哪些？其特点如何？

2. 触电事故的分布规律是什么？

模块 5　触电急救（TYBZ03104005）

【模块描述】本模块介绍触电脱离电源和现场救护的方法、通过图文结合形象化介绍，掌握平地脱离电源、杆上或高处营救和现场触电的救护方法。

【正文】

触电急救的步骤分两步，第一步是使触电者迅速脱离电源，第二步是现场救护（心肺复苏法）。现就触电者迅速脱离电源进行介绍。

一、平地脱离电源

电流对人体的作用时间愈长，对生命的威胁愈大。所以，首先使触电者迅速脱离电源是非常重要的。可根据具体情况，选择使触电者脱离电源的方法。

1. 脱离低压电源的方法

脱离低压电源的方法可用"拉"、"切"、"挑"、"拽"和"垫"五字来概括。

"拉"是指就近拉开电源开关、拔出插销或瓷插保险。此时应注意的是拉线开关和板把开关是单极的，只能断开一根导线，有时由于安装不符合规程要求，把开关安装在零线上。这时虽然断开了开关，人身触及的导线可能仍然带电，这就不能

认为已切断电源。如图 TYBZ03104005-1 所示。

　　"切"是指用带有绝缘柄的利器切断电源线。当电源开关、插座或瓷插保险距离触电现场较远时，可用带有绝缘手柄的电工钳或有干燥木柄的斧头、铁锹等利器将电源线切断。切断时应防止带电导线断落触及周围的人体。多芯绞合线应分相切断，以防短路伤人。如图 TYBZ03104005-2 所示。

图 TYBZ03104005-1　拉开开关或拔掉插头

图 TYBZ03104005-2　切断电源线

　　"挑"。如果导线搭落在触电者身上或压在身下，在未采取绝缘措施前，不得直接触及触电者的皮肤和潮湿的衣服，不能采用金属和其他潮湿的物品作为救护工具，这时可用干燥的木棒、竹竿等挑开导线或用干燥的绝缘绳套拉导线或触电者，使其脱离电源。如图 TYBZ03104005-3 所示。

　　"拽"使指救护人戴手套或在手上包缠干燥的衣服、围巾、帽子等绝缘物品拖拽触电者，使之脱离电源。如果触电者的衣裤是干燥的，又没有紧缠在身上，救护人可直接用单手（这样对救护人比较安全）抓住触电者不贴身的衣裤，将触电者拉离电源。但要注意拖拽时切勿触及触电者的体肤。如图 TYBZ03104005-4 所示。

图 TYBZ03104005-3　挑开电源线

　　"垫"。如果触电者由于痉挛手指紧握导线或导线缠绕在身上，救护人可先用干燥的木板塞进触电者身下使其与地绝缘来隔断电源，然后再采取其他办法把电源切断。救护人亦可站在干燥的木板、木桌椅或橡胶垫等绝缘物品上，进行救护操作。如图 TYBZ03104005-5 所示。

模块
5

TYBZ03104005

图 TYBZ03104005-4　拖拽触电者

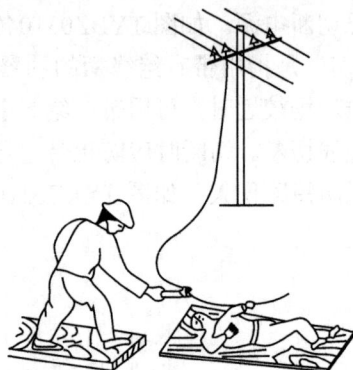

图 TYBZ03104005-5　采取相应救护措施

2. 脱离高压电源的方法

由于装置的电压等级高，一般绝缘物品不能保证救护人的安全，不懂安全常识或未受过专门培训的人，最好不要贸然去抢救触电者，以免自身难保。而且高压电源开关距离现场较远，不便拉闸。因此，使触电者脱离高压电源的方法与脱离低压电源的方法有所不同，通常有 4 种做法。

（1）立即电话通知有关供电部门拉闸停电。

（2）如电源开关离触电现场不太远，则可戴上绝缘手套，穿上绝缘靴，拉开高压断路器，或用绝缘棒拉开高压跌落保险以切断电源。如图 TYBZ03104005-6 所示。

（3）往架空线路抛挂裸金属软导线，人为造成线路短路，迫使继电保护装置动作，从而使电源开关跳闸。抛挂前，将短路线的一端先固定在铁塔或接地引下线上，另一端系重物。抛掷短路线时，应注意防止电弧伤人或断线危及人员安全，也要防止重物砸伤人。如图 TYBZ03104005-7 所示。

图 TYBZ03104005-6　戴上绝缘手套，
穿上绝缘靴救护

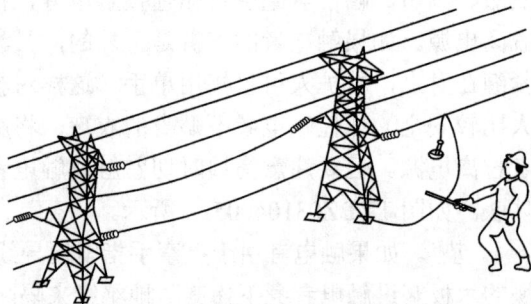

图 TYBZ03104005-7　抛掷裸
金属线使电源短路

（4）如果触电者触及断落在地上的带电高压导线，且尚未确证线路无电之前，救护人不可进入断线落地点 8～10m 的范围内，以防止跨步电压触电。进入该范围的救护人员应穿上绝缘靴或临时双脚并拢跳跃地接近触电者。触电者脱离带电导线后应迅速将其带至 8～10m 以外立即开始触电急救。只有在确证线路已经无电，才可在触电者离开触电导线后就地急救。如图 TYBZ03104005–8 所示。

图 TYBZ03104005–8　未证实
断线无电前不能靠近

二、杆上或高处营救

当杆上发生人身触电事故时，如果不懂得如何营救，就会束手无策，延误了营救时间。如果营救方法不当，伤员不但得不到正确营救，还可能发生高空坠落摔伤而加重伤情，救护人本身也可能发生触电或摔跌事故。因此，电力企业线路工作人员应当学会杆上营救的基本知识和营救方法。

当发现电杆上的工作人员突然患病、触电、受伤或失去知觉时，杆下人员必须立即进行抢救。首先是使伤员尽快脱离电源和高空，将其护降到安全的地面再进行抢救。具体营救方法和步骤如下：

（1）脱离电源。当判断杆上人发生触电情况时，首要的一点就是按照前述办法让触电人脱离电源。

（2）做好营救的准备工作。营救人员的自身保护对整个营救工作的成败是很重要的，为此营救人员要准备好必备的安全用具，如绝缘手套、安全带、脚扣、绳子等。另外还要观察电杆情况，看电杆是否倾斜、横担是否牢固。此外，救护人员确认触电者已与电源脱离，且救护人员本身所涉环境安全距离内无危险电源时，方能接触伤员进行抢救。

（3）选好营救位置。一般来说，营救的最佳位置是高出受伤者 20cm，并面向伤员。固定好安全带后，再开始营救。

（4）确定伤员病情。将触电者扶卧到救护者的安全带上，进行意识、呼吸、脉搏判定。如伤员有知觉，那么可告诉他放心，并将他下放到地面进行护理。

（5）对症急救。如伤员呼吸停止，立即口对口（鼻）吹气 2 次，以后每 5s 再吹一次；如颈动脉无搏动时（心跳停止），杆上难以进行胸外按压，可用空心拳头（空心拳小指侧肌内部）离胸前上方 250～300mm 向胸前（心前区）叩击 2 次，如图 TYBZ03104005–9 所示，以促使心脏复跳。如心跳不恢复，就不要再叩，应与地面

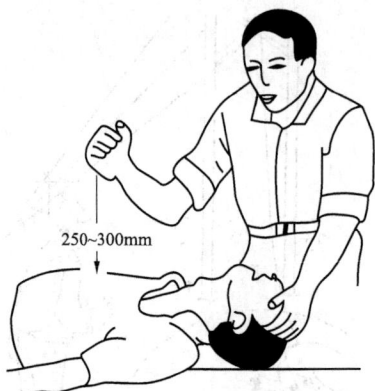

图 TYBZ03104005-9　胸前叩击示意抢救

联系，将伤员送到地面后，按前述办法进行抢救。

（6）下放伤员，为使抢救更为有效，应当及早设法将伤员安全送到地面。下放方法是否得当，是抢救伤员成败的关键。下放的方法分为单人下放法和双人下放法。

1）下放单人时，首先在杆上安放绳索，如图 TYBZ03104005-10（a）所示，然后用 30mm 粗的绳子将伤员绑好，将绳子的一端固定在杆子横担上，固定时绳子要绕 2～3 圈，目的是要增大下放时的摩擦力，以免突然将伤员放下，再发生意外。绳子另一端绑在伤员的腋下，绑的方法是在腋下环绕一圈，打三个半靠结，如图 TYBZ03104005-10（b）所示，绳子塞进伤员腋旁的圈内，并压紧如图 TYBZ03104005-10（c）所示，绳子的长度一般应为杆高的 1.2～1.5 倍。最后将伤员的脚扣和安全带松开，再解开固定在电杆上的绳子，缓缓将伤员放下，如图 TYBZ03104005-10（d）所示。

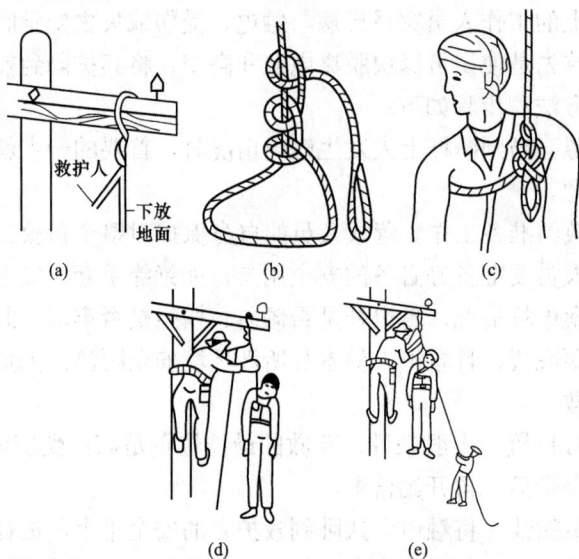

图 TYBZ03104005-10　单、双人下放伤员
（a）、（b）、（c）绳子结法；（d）单人下放法；（e）双人下放法

2）双人的下放方法基本同单人的下放法，即救护人员上杆后。将绳子的一端绕过横担，绑在伤员的腋下，绳子另一端不是由杆上救护人握住，而是由杆下另一

人握住缓缓下放，杆上人可握住绑触电人的一端顺着下放。如图 TYBZ03104005-10（e）所示。双人下放用的绳子要求长一些，应为杆高的 2.2～2.5 倍，另外要求杆上、杆下救护人员做好配合工作，动作要协调一致。

防止杆上人员突然松手，杆下人员没有准备，伤员从杆上快速降下而发生意外。

【思考与练习】
1. 如何使触电者脱离电源？
2. 如何进行杆上救护？

模块 6 心肺复苏法（TYBZ03104006）

【模块描述】本模块介绍心肺复苏法的意义及其操作。通过概念解释和操作步骤讲解，掌握心肺复苏法的操作方法及其注意事项。

【正文】

一、心肺复苏法的意义

心肺复苏法就是对由于急性心肌梗塞、突发性心律失常以及意外事故（如溺水、电击、中毒、窒息、车祸、外伤、冻僵、药物过敏、手术、麻醉等）所引起的心跳呼吸骤停的人，在紧急情况时所采取的急救措施，因而现场复苏成为挽救生命的唯一方式和希望所在。

二、现场操作

1. 实施前的步骤

（1）首先判断患者意识。轻拍患者面部或肩部，并大声叫喊："喂，你怎么啦？"如无反应，说明意识已丧失。如果患者呈现"假死"（即所谓休克）现象，则可能有三种情况：一是心跳停止，但尚能呼吸；二是呼吸停止，但心跳尚存（脉搏很弱）；三是呼吸和心跳均已停止。"假死"症状的判定方法是"看"、"听"、"试"。"看"是观察患者的胸部、腹部有无起伏动作；"听"是用耳贴近患者的口鼻处，听他有无呼气声音；"试"是用手或小纸条试测口鼻有无呼吸的气流，再用两手指轻压一侧（左或右）喉结旁凹陷处的颈动脉有无搏动感觉。如"看"、"听"、"试"的结果，既无呼吸又无颈动脉搏动，则可判定患者呼吸停止或心跳停止或呼吸心跳均停止。

当判定患者呼吸和心跳停止时，应立即按心肺复苏法就地抢救。所谓心肺复苏法就是支持生命的 A、B、C 三项基本措施，A 是通畅气道；B 是口对口（鼻）人工呼吸；C 是胸外按压（人工循环）。

（2）立即高声呼救。目的在于呼唤其他人前来帮助救人，并且尽快帮助拨打"120"急救电话，向急救中心呼救，使急救医生尽快赶来。

（3）摆正患者的体位。患者仰卧在坚实的平面上，头部不得高于胸部，应与躯干在一个平面上。如果发病时，患者呈俯卧或侧卧位，应使其成为仰躺位。方法：一手扶患者颈后部，一手置于腋下，使患者头颈部与躯干呈一个整体同时翻动。施术者的位置：站、跪在患者的一侧，以患者的右侧较为方便操作。

2. 通畅气道（A）

气道就是呼吸道。这一步是 A 步骤的关键步骤。

（1）清除口中异物。使触电者仰面躺在平硬的地方，迅速解开其领扣、围巾、紧身衣和裤带。如发现患者口内有食物、假牙、血块等异物，可将其身体及头部同时侧转，迅速用一个手指或两个手指交叉从口角处插入，从中取出异物，操作中要注意防止将异物推到咽喉深处。

（2）打开气道。当患者意识丧失以后，舌肌松弛，舌根后坠，舌根部贴附在咽后壁，造成气道阻塞。开放气道的目的是使舌根离开咽后壁，使气道畅通。气道畅通后，人工呼吸时提供的氧气才能到达肺部，人的脑组织以及其他重要器官才能得到氧气供应。采用仰头抬颌法通畅气道，救护人用一只手压住患者前额，另一只手的手指将其颏颌骨向上抬起，两手协同将头部推向后仰，舌根自然随之抬起，气道即可畅通。使头部充分后仰，最终使下颌角与耳垂之间的连线与地面垂直即可。

3. 进行人工呼吸（B）

人工呼吸是用人工方法借外力来推动肺、膈肌或胸廓的活动，使气体被动地进入或排出肺脏，以保证机体氧的供给和二氧化碳的排出。常用的有口对口、口对鼻两种人工呼吸法，其中口对口人工呼吸是为患者供应所需氧气的最简单、快速而有效的方法。

在完成气道通畅的操作后，应立即对患者施行口对口或口对鼻人工呼吸。

口对口人工呼吸法：

步骤一：用一手的拇指、食指捏紧双侧鼻孔，以防止吹气气体从鼻孔排出而不能由口腔进入到肺内。

步骤二：深吸一口气，用口唇严密地包住患者患者的口唇，注意不要漏气，在保持气道畅通的操作下，将气体吹入患者的口腔到肺部。

步骤三：吹气后，口唇离开，并松开捏鼻的手指，使气体呼出。

观察患者的胸部有无起伏，如果吹气时胸部抬起，说明气道畅通，口对口吹气的操作是正确的。

每次吹气时间：1.5s。

每次吹气量：800～1200mL，平均 900mL。

每分钟进行口对口吹气的频率：12～16 次。

口腔严重外伤、牙关紧闭，可采用口对鼻人工呼吸。吹气时要将患者嘴唇紧闭，防止漏气。

4. 胸外按压（C，人工循环）

在心脏停止跳动后，用胸外心脏按压的方法即用人工的力量，通过胸泵机制，使得心脏被动射血，以带动血液循环。

只要判断心脏停止跳动，应立即进行心肺复苏术——人工呼吸和胸外心脏按压。

（1）原理：人体心脏位于胸腔内，胸骨后偏左的地方。当向下按压胸骨时，胸腔内压力增大，促进血液流动，同时压挤心脏，向外泵血，起到胸泵的作用；停止下压胸骨，双手上抬时，胸腔内压力减小，静脉血回流心脏，使心脏充盈血液。这样反复进行按压上抬，使得心脏被动地运动，起到人工心跳的作用。

（2）有效性：只有准确的手法才能保证人工心跳有效性，有效的胸外心脏按压可达到正常心跳时心脏排出血量的 25%～30%，保证人体最低的基本血液循环的需要。

（3）方法：首先找准按压的位置。按压的正确位置：胸骨中下 1/3 交界处（或胸骨上 2/3 与下 1/3 交界处）。

定位方法：右手食指和中指顺肋缘向上滑动到剑突下（胸骨最下缘），这时食指和中指与胸骨长轴垂直，食指上方胸骨的正中区即为按压区。左手的掌根部放在按压区。右手重叠在左手背上，两手手指翘起（扣在一起）离开胸壁。

按压姿势：双肩正对患者胸骨上方，两肩、臂、肘垂直向下按压。

用力方式：平稳地、有规律地进行，垂直向下按压，每次抬起时，掌根不要离开胸壁，保持已选择好的按压位置不变。

按压深度：4～5cm。

按压频率：100 次/min。

有效性：按压时可触及到颈动脉搏动。

（4）注意事项：

掌根部不要偏左或偏右，手指翘起不要压胸肋部，以免造成肋骨骨折。

a. 右手食指和中指沿肋缘向上滑动到剑突下。

b. 食指上方的正中区为按压区。

c. 左手掌根部为按压区，上臂和肘关节伸直，以身体的重心下压，防止冲击式下压，并保证达到下压的深度，成人 40～50mm。抬起时，掌根不要离开胸壁，以免造成按压位置的改变。

（5）人工呼吸和胸外心脏按压必须交替进行。由一个人进行的心肺复苏的手法，叫做"单人徒手复苏法"；由两个人进行的心肺复苏手法叫做"双人徒手复苏法"。

单人徒手复苏法：一个人交替进行胸外心脏按压和口对口人工呼吸，按 15:2 的比率，即先口对口人工呼吸 2 次，接着做胸外心脏按压 15 次，反复交替进行。

双人徒手复苏法：两个人交替进行胸外心脏按压和口对口人工呼吸，按 5:1 的比率，即一个人先口对口人工呼吸 1 次，另一个人接着做胸外心脏按压 5 次。反复交替进行。

单人心肺复苏步骤：

a. 判断意识；

b. 如无反应，立即呼救；

c. 仰卧位，置于地面或硬板上；

d. 开放气道，清理口腔异物；

e. 判断有无呼吸；

f. 如无呼吸，立即口对口吹气 2 次；

g. 保持头后仰，另一手检查颈动脉有无搏动；

h. 如有脉搏，可仅做口对口人工呼吸；

i. 如无脉搏，立即进行胸外心脏按压；

j. 每按压 15 次，口对口吹气 2 次，然后重新定位，再按压 15 次，如此反复进行。

心肺复苏开始 1min，或者连续操作四个循环后，检查一次呼吸和脉搏、瞳孔变化，以后每进行 4～5min 检查一次，每次不超过 5s。

如用担架搬运患者或者是在救护车上进行心肺复苏，应不间断地进行，必须间断时，时间不超过 5～10s。

【思考与练习】

1. 掌握人工呼吸操作方法。

2. 掌握心肺复苏操作方法。

模块 7　外伤急救（TYBZ03104007）

【模块描述】本模块介绍外伤急救基本方法及技术。通过图文结合形象化介绍，掌握外伤解救的止血技术、创伤包扎、骨折固定、搬运方法及技巧。

【正文】

一、止血

1. 指压止血法

手指压迫止血毛细血管出血和小静脉出血，一般用压迫法就可止血。在现场可用消毒的纱布等覆盖伤口，有时可用手指压在伤口上或压紧包扎即可。有时创面较大，且需要及时止血时，用手指压迫伤口近心端的动脉，阻断血液来路。在伤口近心端上方，摸到搏动血管后可用手指或掌部用力将血管向骨面压，紧急时可隔着衣服压。准确掌握动脉压迫点，压力适中，以不出血为度，压迫 10～15min。但这只是短时急救止血措施，不适合于长时间使用和运送。故在使用的同时，就要寻求适当的止血材料或其他方法（如四肢用止血带）。不同部位出血及压迫方法见图 TYBZ03104007-1、图 TYBZ03104007-2、图 TYBZ03104007-3。

常用指压止血部位有下面几种。颞浅动脉，耳屏上前方 1.5cm 处，用于头顶部止血；面动脉，下颌骨咬肌前，用于面部止血；肱动脉，上臂内侧搏动处，用于前臂及手部止血；两侧尺桡动脉，用于手掌部止血；指根部两侧指动脉，用于手指止血；股动脉，腹股沟韧带中点偏内侧下方搏动处，以掌根或拇指向外上压迫，用于下肢止血；胫后动脉和足背动脉，内踝与跟腱之间和足背，用于足部止血。

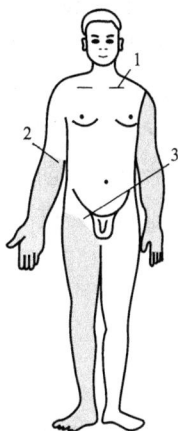

图 TYBZ03104007-1　压迫法止血（体部）

1—指压锁骨下动脉；2—指压肘窝内动脉；

3—指压股动脉止血

模块

7

TYBZ03104007

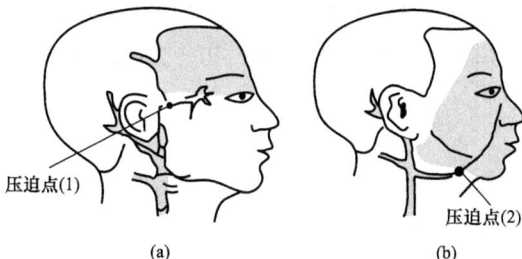

压迫点(1)

(a)

压迫点(2)

(b)

图 TYBZ03104007-2　压迫法止血（头部）

（a）指压颞浅动脉止血；（b）指压颌外动脉止血

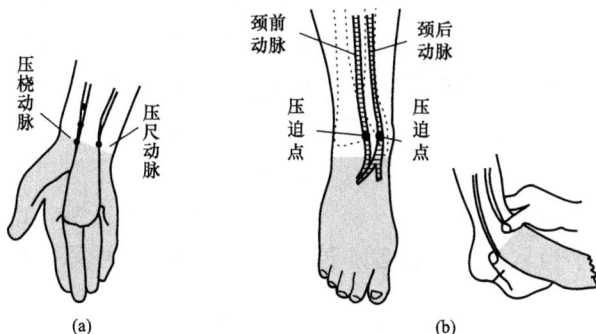

压桡动脉

压尺动脉

胫前动脉

胫后动脉

压迫点

压迫点

(a)

(b)

图 TYBZ03104007-3　压迫法止血（肢体）

（a）指压桡、尺动脉止血；（b）指压胫前、胫后动脉止血

2. 包扎和加压包扎

适用于全身各部位的动脉、静脉和毛细血管出血。先以敷料或干净毛巾、布料等覆盖伤口，以绷带或三角巾包扎或加压包扎，达到止血目的。置伤者于卧位，抬高伤处，检查有无异物。如有异物应保留，在其边缘固定，施加压力包扎。当体表以动脉或静脉出血，创面较大，用手指压迫不易止血时，可在伤口上盖无菌纱布或干棉垫，并施加压力进行包扎，其压力以止住血为好。有时创伤发生在肢体可曲部位，可利用加压曲肢止血，见图 TYBZ03104007-4。

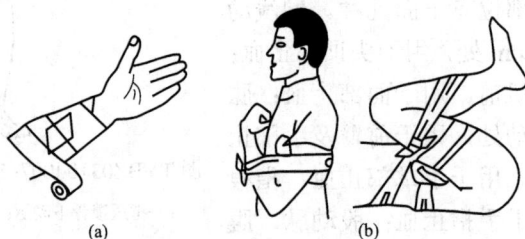

图 TYBZ03104007-4　加压包扎止血法

（a）加压包扎；（b）加压加垫曲肢

加垫屈肢止血法，用于出血较多无骨折的四肢远端出血。将纱布垫置于肘窝、腘窝处的关节屈曲部位，用绷带固定，每隔 40～50min 时，松开 3～5min，防止肢体缺血、坏死。

3. 填塞止血法

用于四肢较深较大伤口或盲管伤、穿通伤等出血多、组织损伤严重的伤口填塞消毒或干净布料，再加压包扎。

4. 止血带止血法及注意事项

当四肢大出血，创面大或不整齐，用加压包扎不能止血时，可选择止血带止血。止血带最好为有弹性橡皮带，如现场不易取得，可就地选用布制止血带（用有一定强度的布料、衣服撕成 10～20mm 宽的布条），或用三角巾绷带等代用，不可使用铅丝、电线等。在上止血带前，于出血处近心端，垫以毛巾、衣服、布料等，然后在尽可能靠近伤口情况下，一手捏住止血管短端，另一手持止血带长端，将止血带适当拉长（有弹性时）压在短端，绕伤肢二周，至伤口无出血时打结。如若用三角巾及布条等无弹性物，以勒紧伤口无出血为度打结。止血带的止血效果较好，但若使用不当，会增加伤者痛苦，甚至造成肢体坏死，故而必需掌握方法合适。

二、创伤包扎

创伤包扎所选用的材料又创可贴、尼龙网套、绷带和三角巾。

1. 创可贴和尼龙网套包扎

用于表浅小伤口，方便有效。网套使用前，先在伤口盖以消毒敷料。

2. 绷带包扎

（1）环形法：此法多用于手腕部，肢体粗细相等的部位。首先将绷带作环形重叠缠绕。第一圈环绕稍作斜状；第二、三圈作环形，并将第一圈之斜出一角压于环形圈内，最后用粘膏将带尾固定，也可将带尾剪成两个头，然后打结。

（2）蛇形法：此法多用于夹板之固定。先将绷带按环形法缠绕数圈。按绷带之宽度作间隔斜着上缠或下缠。

（3）螺旋形法：此法多用于肢体粗细相同处。先按环形法缠绕数圈。上缠每圈盖住前圈三分之一或三分之二呈螺旋形。

（4）螺旋反折法：此法应用肢体粗细不等处。先按环形法缠绕。待缠到渐粗处，将每圈绷带反折，盖住前圈三分之一或三分之二。依此由下而上地缠绕。

3. 三角巾包扎

对较大创面、固定夹板、手臂悬吊等，需应用三角巾包扎法。

（1）普通头部包扎：先将三角巾底边折叠，把三角巾底边放于前额拉到脑后，相交后先打一半结，再绕至前额打结。

（2）风帽式头部包扎：将三角巾顶角和底边中央各打一结成风帽状。顶角放于额前，底边结放在后脑勺下方，包住头部，两角往面部拉紧向外反折包绕下颌。

（3）普通面部包扎：将三角巾顶角打一结，适当位置剪孔（眼、鼻处）。打结处放于头顶处，三角巾罩于面部，剪孔处正好露出眼、鼻。三角巾左右两角拉到颈后在前面打结。

（4）普通胸部包扎：将三角巾顶角向上，贴于局部，如系左胸受伤，顶角放在右肩上，底边扯到背后在后面打结；再将左角拉到肩部与顶角打结。背部包扎与胸部包扎相同，唯位置机反，结打于胸部。

三、骨折急救

先检查有无危及生命的体征和环境，正确使用绷带、三角巾、夹板固定受伤部位，夹板长度要超过骨折处上下关节，畸形肢体不能矫正，暴露骨端不拉动不回纳，伤口不冲洗不涂药，固定后抬高伤肢，注意肢端感觉及气血运行。

肢体骨折可用夹板或木棍、竹竿等将断骨上、下方两个关节固定，如图 TYBZ03104007–5 所示，也可利用伤者身体进行固定，避免骨折部位移动，以减少疼痛，防止伤势恶化。

开放性骨折，伴有大出血者，应先止血，再固定，并用干净布片覆盖伤口，然后速送医院救治。切勿将外露的断骨推回伤口内。

模块 7

TYBZ03104007

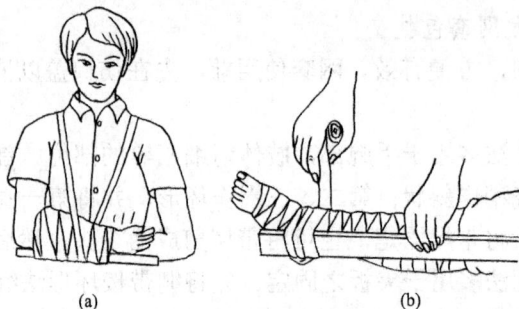

图 TYBZ03104007-5 骨折固定方法

（a）上肢骨折固定；（b）下肢骨折固定

图 TYBZ03104007-6 颈椎骨折固定

疑有颈椎损伤，在使伤者平卧后，用沙土袋（或其他代替物）放置头部两侧（如图 TYBZ03104007-6 所示）使颈部固定不动。应进行口对口呼吸时，只能采用抬颏使气道通畅，不能再将头部后仰移动或转动头部，以免引起截瘫或死亡。

腰椎骨折应将伤者平卧在平硬木板上，并将腰椎躯干及二侧下肢一同进行固定预防瘫痪（如图 TYBZ03104007-7 所示）。搬动时应数人合作，保持平稳，不能扭曲。

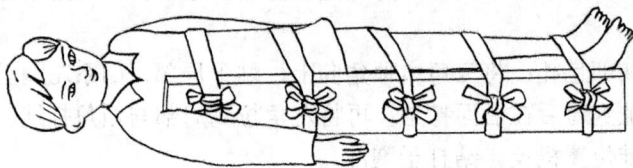

图 TYBZ03104007-7 腰椎骨折固定

四、搬运

伤者在现场进行初步急救处理和随后送往医院的过程中，必须要经过搬运这一重要环节。正确的搬运术对伤者的抢救、治疗和预后都至关重要。

1. 徒手搬运

（1）单人搬运：由一个人进行搬运。常见的有扶行法、抱持法、背负法。

（2）双人搬运法：椅托式、轿杠式、拉车式、椅式搬运法、平卧托运法。

（3）三人搬运法：三人并排，将伤者抱起齐步前进。

2. 器械搬运法

将伤者放置在担架上搬运，同时要注意保暖。在没有担架的情况下，也可以采用椅子、门板、毯子、衣服、大衣、绳子、竹竿、梯子等制作简易担架搬运，如图TYBZ03104007-8 所示。

3. 工具运送

如果从现场到转运终点路途较远，则应组织、调动、寻找合适的现代化交通工具，运送伤者。

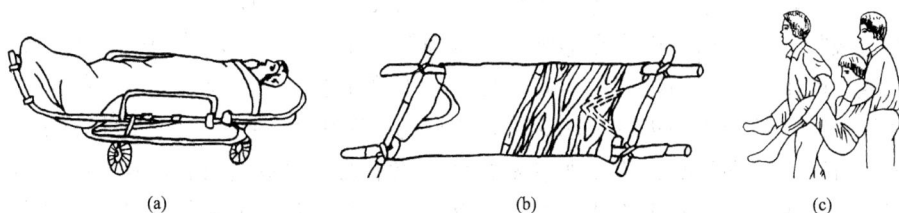

(a)　　　　　　　　　　　(b)　　　　　　　　　(c)

图 TYBZ03104007-8　搬运伤者

（a）正常担架；（b）临时担架及木板；（c）错误搬运

【思考与练习】

1. 当发现有人负伤，如何进行止血？如何包扎？如何搬运？

2. 发现有人骨折，如何进行处理？

模块 8　烧伤急救（TYBZ03104008）

【模块描述】本模块介绍烧伤基本概念、烧伤抢救和伤面处理。通过概念解释和要点讲解，熟悉各种烧伤的急救知识。

【正文】

一、烧伤烫伤

烧伤烫伤是工业生产和日常生活常见的损伤，它包括高温（火焰、沸水、蒸气、热油、灼热金属）、化学物质（强酸、强碱）、电流（高压电）及放射线（X 射线、γ 射线）等引起的机体组织灼伤。

烧伤之后要根据烧伤的面积大小，严重程度，有针对性的采取措施，并且把有关情况告知告诉急救中心，以便使他们携带合适的器械及包扎物品，进行有效的救护。若是及救护人没有做到合适的紧急处理，错过了事故发生最初的时间里救治机会，就会导致创面加深，甚至需要手术植皮才可恢复的地步。因此，有效的烧伤急救就显得极为主要。

二、现场抢救

一般而言，烧伤面积越大，深度越深，则治疗越困难，愈后效果越差。为此，急救的首要措施是"灭火"（除去热源和化学物质、停电和移去射线）。即除去致伤源，尽量"烧少点、烧浅点"。不少烧伤过程，例如火焰烧伤时的衣服着火、化学烧伤等，均有一定的致伤时间，如果迅速进行有效地灭火，是可以减轻伤情的。但烧伤的种类不同，应采用不同的方法。

1. 火焰烧伤

当火焰烧着衣服时，切勿仓惶奔跑，因跑会带起风势助火燃烧。为防增加头面部烧伤或吸入性损伤，而应立即卧倒，就地打滚压灭火焰。迅速脱去着火的衣服，用水浇、或用身边不易燃的材料衣、被、毯子等扑盖灭火，或跳入附近的水池、河沟内等采取有效措施扑灭身上的火焰。注意切不可用手扑打，以免手部烧伤和助火蔓延。凝固汽油烧伤时，应立即以湿布数层或湿衣、被覆盖创面。覆盖时间须长，因短时间的覆盖，粘着于皮肤上的凝固汽油可复燃。由于现代室内广泛使用化工产品作为装饰材料，火灾事故往往产生大量刺激性强的烟雾。这些烟雾被吸入呼吸道后极易导致"吸入性损伤"，使得气管、支气管、肺组织肿胀甚至坏死，严重影响呼吸功能，引起窒息死亡。因此，在密闭的火灾现场不应大声叫喊或深呼吸，应使用浸湿的毛巾捂住嘴鼻，尽快离开现场，避免发生吸入性损伤和窒息。

2. 液体烧伤

高温液体烫伤时（沸水、热油、各种热液），应尽快脱去被热水、热液浸湿的衣服、鞋袜，特别是化纤衣服。以免着火衣服或衣服上的热液继续作用，使创面加大加深。如一时难以解脱，可沿衣裤缝线处剪开脱下。如系肢体烫伤，可将肢体浸沐在冷水中（天热时可用冰水），能减轻疼痛和减轻损伤程度。

烫伤是由烫的液体引起的烧伤，首先要用冷水冲走热的液体，并局部降温 10min，并用一块干净、潮湿的敷料覆盖。如果口腔烫伤，由于肿胀可能影响呼吸道，因此急救一定要快，使脱离热源，置于凉爽处，并保持稳定的侧卧位，等待救援。

3. 化学品烧伤

化学品烧伤，也就是酸碱物质烧伤、石灰烧伤和磷烧伤等。

酸碱烧伤，先立即脱去被酸、碱或其他化学物质浸湿的衣服（由衣服着火引起的烧伤，灭火方法同火焰烧伤），强酸烧伤立即用 3%～5%碳酸氢钠液或大量清水冲洗创面；强碱烧伤用 1%～2%醋酸或大量清水冲洗创面。用大量清水长时间地冲洗创面，这是现场急救处理时最切实、有效的措施。酸碱烧伤的严重程度除与酸碱的性质和浓度有关外，还多与接触时间有关。因此无论何种酸碱烧伤，均应立即用大量清洁水冲洗至少 30min 以上。一方面可从创面及粘膜上冲淡和清除残留的酸碱，另一方面作为冷疗的一种方式，可减轻疼痛。注意开始用水量即应够大，迅速将残余酸碱从创面上冲尽。若头面部酸碱烧伤时，应首先注意眼，尤其是角膜有无烧伤，并优先予以冲洗。

石灰烧伤，应先快速除去石灰粉粒，然后用大量清水长时间地冲洗。千万不要将沾有大量石灰粉的伤部直接泡在水中，否则，生石灰遇水生热，可致创面加深（生石灰与水结合产生氢氧化钙，并释放大量的热，致烧伤程度加剧），加重伤势。

磷烧伤早期处理时，应尽快将磷颗粒除去。如果是肢体烧伤，可将肢体浸入水中，以防磷接触空气继续燃烧。用大量清水冲洗创面及创面周围正常皮肤，必须用足量的水，使冲洗能比较彻底。冲洗后，创面用湿纱布包扎，不可暴露。切忌用油质敷料或药膏，因磷溶于油，可加速吸收，引起中毒。

应注意化学品（硫酸、火碱等）烧伤皮肤时，应马上用干毛巾将残留的化学物轻轻除去，然后用大量的冷水冲洗。因为硫酸等能够和水起剧烈的化学反应，千万不可直接用水冲洗。

另外，无论何种烧伤都应迅速送往医院救治。应掌握运送时机，要求呼吸道通畅，无活动性出血，休克基本得到控制。重度烧伤要求在 8h 内送达救治单位，否则在休克期以后（伤后 48h）再送。搬运时动作要轻柔，行动要平稳，以尽量减少伤者痛苦。转运途中要输液，并采取抗休克措施，减少途中颠簸。

【思考与练习】

1. 烧伤和烫伤的种类有哪些？
2. 对于现场急救应该注意哪些？

模块 9　溺水、高温中暑和有害气体中毒急救
（TYBZ03104009）

【模块描述】本模块介绍溺水、中暑、有害气体中毒的症状及其急救措施。通过对症状分析、要点讲解，掌握溺水、高温中暑及有害气体中毒的急救方法。

【正文】

一、溺水急救

（一）溺水症状及抢救

溺水是由于人体淹没在水中，呼吸道被水堵塞或喉痉挛引起的窒息。溺水时可有大量的水、泥沙、杂物经口、鼻灌入肺内，可引起呼吸道阻塞、缺氧和昏迷直至死亡。

溺水后常见溺水者全身浮肿，紫绀，双眼充血，口鼻充满血性泡沫、泥沙或藻类，手足掌皮肤皱缩苍白，四肢冰冷，昏迷，瞳孔散大，双肺有罗音，呼吸困难，心音低且不规则，血压下降，胃充水扩张。溺水整过程十分迅速，常常在 4～5min

或 5～6min 内即死亡。

对溺水者的抢救，必须争分夺秒。将溺水者救上岸后，首先判断溺水者意识和生命体征，可视情况给予帮助。如尚有心跳、呼吸，可将溺水者俯卧，头低，腹垫高，压其背部排出肺、胃内积水。应立即清除其口、鼻腔内的水、泥及污物，包括取下假牙，用纱布（手帕）裹着手指将溺水者舌头拉出口外，解开衣扣、领口，以保持呼吸道通畅，然后抱起溺水者的腰腹部，使其背朝上、头下垂进行倒水。或者抱起溺水者双腿，将其腹部放在急救者肩上，快步奔跑使积水倒出。或急救者取半跪位，将溺水者的腹部放在急救者腿上，使其头部下垂，并用手平压背部进行倒水，如果意识丧失，呼吸、心跳停止，生命体征存在，应立即进行人工呼吸和胸外心脏按压，如口对口呼吸、气管插管、吸氧等。

人工呼吸在最初向溺水者肺内吹气时必须用大力，以便使气体加压进入灌水萎缩的肺内，尽早改善窒息状态。一般以口对口吹气为最佳。急救者位于溺水者一侧，托起溺水者下颌，捏住溺水者鼻孔，深吸一口气后，往溺水者嘴里缓缓吹气，待其胸廓稍有抬起时，放松其鼻孔，并用一手压其胸部以助呼气，反复并有节律地（每分钟吹 16～20 次）进行，直至恢复呼吸为止。同时进行胸外心脏按摩，让溺水者仰卧，背部垫一块硬板，头低稍后仰，急救者位于伤员一侧，面对伤员，右手掌平放在其胸骨下段，左手放在右手背上，借急救者身体重量缓缓用力，不能用力太猛，以防骨折，将胸骨压下 4cm 左右，然后松手腕（手掌不离开胸骨）使胸骨复原，反复有节律地（每分钟 100 次）进行，直到心跳恢复为止。经过上述抢救后必须立即送医院继续进行复苏后的治疗。

（二）溺水自救及救助溺水者方法

1. 溺水自救

会游泳的人如果游泳时意外溺水，如肌肉疲劳、肌肉抽筋等应采取自救办法。保持镇静、节省体力是关键。附近又无人救助时，首先应保持镇静，千万不要惊慌失措。可尽量减少水草缠绕，节省体力。正确的自救做法是落水后立即屏住呼吸，然后放松肢体，尽可能地保持仰位，头部后仰，使身体上浮。只要不胡乱挣扎，人体在水中就不会失去平衡。这样口鼻就会最先浮出水面，进行呼吸和呼救。呼吸时尽量用嘴吸气、用鼻呼气，以防呛水。经过长时间游泳自觉体力不支时，可改为仰泳。用手足轻轻划水即可使口鼻轻松浮于水面之上，调整呼吸，全身放松，稍作休息后游向岸边或浮于水面等待救援。

2. 救助溺水者

在游泳中遇到溺水事故时，现场救助刻不容缓。救护溺水者时，急救者要镇静，尽量脱去外衣、鞋、靴等，迅速游到溺水者附近，观察清楚溺水者的方置，从其后方出手救援。用自己的左手从其左臂下伸过在其身体前面握其右手，或拖住头部，然后仰游拖向岸边。如急救者不习水性，可带救生圈、救生衣或塑料泡沫板、木板等，注意不要被溺水者紧抱缠身，以免累及自身。或投掷木板、救生圈、长杆等，让落水者攀扶上岸。

二、高温中暑急救

中暑按其轻重程度可分为先兆中暑、轻度中暑和重度中暑。

（1）先兆中暑：在高温环境中活动一段时间后，大量出汗、口渴、头晕、胸闷、全身疲乏，体温正常或略有升高（＞37.5℃），喝些糖盐水或其他饮料，在两侧太阳穴擦些清凉油，经短暂休息和处理后，很快可恢复正常。

（2）轻症中暑：除有先兆中暑的一系列表现加重外，体温升高到38℃以上，出现面色潮红或苍白、皮肤灼热、全身皮肤湿冷、心慌、呕吐、眼前发黑、血压下降、脉搏增快等早期周围循环衰竭的表现。

（3）重症中暑：除先兆中暑、轻症中暑的表现外并伴有晕厥、昏迷、痉挛或高热等严重症状。中暑者多因无力支持而难以进行自救，体弱者甚至可能因得不到及时救治而死亡。

发现中暑要按如下步骤迅速自救或急救。

（1）立即离开高温作业环境。将中暑者移到通风、阴凉、干燥的地方。

（2）让中暑者仰卧，解开衣扣，脱去或松开衣服。如衣服被汗水湿透，应更换干衣服，同时开电扇或开空调，以尽快散热。

（3）尽快降低体温至38℃以下。具体做法：用凉湿毛巾冷敷头部、腋下以及腹股沟等处。用30%～40%的酒精擦洗全身，必要时可将重者全身除头部外浸在4℃水中浸浴15～30min。须注意的是：在物理降温初期，由于体表受较低温度刺激，会引起中暑者皮肤血管收缩和肌肉震颤，从而影响身体散热。因此会产生暂时性的温度升高现象，此时不能立即停止降温。

（4）为达到迅速降温的效果，在上述处理过程中同时用湿毛巾用力擦全身皮肤，一般擦15～30min，防止血管收缩。

（5）意识清醒的中暑者或经过降温清醒的病人可口服绿豆汤、淡盐水等解暑。

（6）对于伴有意识不清的中暑者，可以按压或针刺人中、水沟、十宣等穴。中暑者如果感到头晕、恶心、呕吐或腹泻时，可给予十滴水、藿香正气水等。

（7）对顽固性高热、痉挛、抽搐、意识障碍、血压下降，经上述处理后无明显好转者，应立即送医院救治。

三、有害气体中毒急救

（一）有害气体中毒

1. 硫化氢中毒

硫化氢有自鸡蛋味，为无色气体，广泛存在于石油、化工、皮革、造纸等行业中，废气、粪池、污水沟、隧道、垃圾池中，均有各种有机物腐烂分解产生的大量硫化氢。如吸入浓度 300mg/m³·h 即对呼吸道、眼睛产生刺激症状。吸入 2～3h 达1000mg 时，可发生"闪电式"死亡。

2. 煤气中毒

煤气中毒即一氧化碳中毒。它为无色、无味、无刺激性的气体。常因使用煤炉漏气或采矿时通风不良而中毒。一氧化碳吸入体内，与血液中的血红蛋白结合成碳氧血红蛋白。它与血红蛋白的亲和力比氧大 210 倍，而它的解离速度是氧的 1/2100。吸入后致使组织缺氧、痉挛和水肿等。当血液中的一氧化碳浓度达到 0.02% 时，2～3h 即可出现神经系统损伤、缺氧等症状。当室内环境浓度达到 0.08%，2h 即可昏迷。

3. 二氧化碳中毒

在农村，冬季多在菜窖里储存蔬菜，因窖内通风太差，缺氧，二氧化碳（CO_2）蓄积。刚打开窖门，人立即下窖内即会发生二氧化碳中毒。二氧化碳又称碳酸气，为无色、稍带酸味的气体。一般情况下，人头晕痛、心慌、气短、气喘、恶心呕吐等。中毒甚者口唇、指甲青紫，昏迷、意识不清，因发生窒息而死亡。

4. 氨中毒

氨是无色而有刺激气味的碱性气体。主要用于皮革、染料、化肥、制药等工业的冷冻剂，常由意外事故而吸入中毒。口、眼、鼻有辛辣感觉、咳嗽、流泪、流涎、胸痛、胸闷、呼吸急促、有氨味；甚者皮肤糜烂、水肿、坏死，肺水肿，喉痉挛，呼吸困难等。

（二）急救

（1）自己发现有中毒时，可暂时走（爬）出中毒现场，吸新鲜空气，并呼叫他人速来相助。

（2）他人发现已中毒者，立即打开窗户通风，将中毒者抬离现场，松解衣扣，使呼吸通畅并保暖。

（3）如有呕吐应使中毒者头偏向一侧，并及时清理口鼻内的分泌物。

（4）用手导引人中、足三里、内关等穴，及时吸氧。如有窒息立即口对口呼吸和胸外心脏按压。

（5）有条件时静脉注射 50% 高渗葡萄糖 20ml，加维生素 C300～500mg。

（6）严重者速送医院抢救。

【思考与练习】

1. 溺水时，如何自救与他救？

2. 中暑时如何进行急救？

3. 有害气体中毒时如何对他人急救？

模块 10　冻伤急救和动物咬伤急救 （TYBZ03104010）

【模块描述】本模块介绍冻伤、蛇咬伤、狗咬伤、蜂蜇伤等动物（昆虫）咬伤的急救知识。通过对症状分析和要点讲解，了解冻伤、蛇咬伤、狗咬伤、蜂蜇伤等动物（昆虫）伤害的症状，掌握急救处理方法。

【正文】

一、冻伤急救

冻伤是在一定条件下由于寒冷作用于人体，引起局部的乃至全身的损伤。损伤程度与寒冷的强度、风速、湿度、受冻时间以及局部和全身的状态有直接关系。在寒冷地区的作业人员容易发生冻伤，这是由于饥饿、疲劳和野外作业持续时间较久，加之防寒设备不足或鞋袜不适等造成。冻伤可分为局部或全身（冻僵），常发生于皮肤及手、足、指、趾、耳、鼻等裸露突出部位处。

1. 冻伤急救的原则

（1）迅速脱离寒冷环境，防止继续受冻；

（2）抓紧时间尽早快速复温；

（3）局部涂敷冻伤膏；

（4）改善局部微循环；

（5）抗休克，抗感染和保暖；

（6）应用内服活血化瘀等类药物；

（7）二、三度冻伤未能分清者按三度冻伤急救；

（8）冻伤的急救处理，应尽量减少伤残，最大限度的保留尚有存活能力的肢体功能。

2. 快速复温

尽快使伤者脱离寒冷环境后，如有条件，应立即进行温水快速复温，复温后在充分保暖的条件下尽早送往医院。如无快速复温条件，则应尽早送往医院；送往医院途中应注意保暖，防止外伤。特别对于救治仍处于冻结状态的二、三度冻伤，快速复温是效果总显著而关键的措施。

快速复温的具体方法是将冻肢浸泡于 42℃（不宜过高）温水中，至冻区皮肤转红，尤其是指（趾）甲床潮红，组织变软为止，时间不宜过长。对于颜面冻伤，可用 42℃的温水浸湿毛巾，进行局部热敷。在无温水的条件下，可将冻肢立即置于自身或救护者的温暖体部，如腋下、腹部或胸部，以达复温的目的。或用民间验方，如用辣椒杆和花椒煎水浸泡患部，据报导效果较好。

救治时严禁火烤、雪搓，冷水浸泡或猛力捶打患部。

二、犬类咬伤急救

狗咬伤，不管是疯狗，还是正常狗，都应以最快速度，就地用大量清水（10L以上）冲洗伤口。若周围一时无水源，那么可先用人尿代替清水冲洗，然后再设法找水。冲洗伤口要彻底。狗咬伤的伤口往往是外口小里面深，这就要求冲洗的时候尽可能把伤口扩大，并用力挤压周围软组织，设法把沾污在伤口上狗的唾液和伤口上的血液冲洗干净。若伤口出血过多，应设法立即上止血带，然后再送医院急救。记住：不要包扎伤口！

在狂犬病流行区，猫咬伤的处理应参照狗咬伤处理，以预防狂犬病。

如果四肢被咬伤，应在伤口上方结扎止血带，然后再作清创处理。先用清水、盐开水或 1:2000 高锰酸钾溶液冲洗伤口，然后再用碘酒或 5%石碳酸局部清理伤口。其他部位的伤口处理同四肢。对伤势严重的应送医院急救。

三、蛇咬伤急救

毒蛇咬伤的早期紧急自救。一旦确定是毒蛇咬伤，要采取紧急自救措施。一是不要惊慌乱跑，尽可能延缓毒素扩散。剧烈的活动，能使血液循环加快，增加人体对毒素的吸收，加重中毒症状；二是迅速用止血带或细绳在距伤口 50～100mm 的肢体近端捆扎，阻断静脉和淋巴回流，减少毒素在体内扩散。每间隔半小时放松 3～5min，以免肢体坏死；三是用利器把伤口切开，用清水、茶水冲洗伤口；四是用拔火罐吸除毒液，也可用口吮吸，但要注意口腔内不能有伤口和溃疡，并要及时漱口。无条件的，也可以用火柴、烟头烧灼伤口，破坏蛇毒，并迅速送医院抢救。

蛇咬伤急救的重点，如果不知道咬伤人的蛇是否有毒时，应按有毒处理，并如下所述开始紧急救助。

（1）保持伤者镇静并静止不动，如果可能的话，使咬伤处低于心脏水平。

（2）尽量辨认蛇的类型。如果您把蛇杀死了，请不要破坏他的头部。注意不要过分靠近蛇，以免自己被咬伤。

（3）拨打急救电话并汇报咬伤人的蛇的种类。

（4）检查患者的气道、呼吸及循环。如果伤者没有呼吸或没有脉搏及心跳，请开始心肺复苏。

（5）如果是上肢或下肢被咬伤，可以在其上方绑一个带子。每 15～30min 放开带子 1～2mm。如果肿胀已超过带子，应将带子上移数寸。

注意：如果是珊瑚蛇咬伤，请不要用带子。

（6）如果确信是有毒蛇咬伤，且咬伤时间在 5min 以内，并且医务人员要 30min 后才能赶到，应切开伤口并吸出毒液。用消毒的刮胡刀片在伤口上切开用吸瓶或嘴吸出毒液。注意：沿四肢长轴方向切，不要切开头颈及躯干部位。不要咽下毒液，应将其吐出。如果口腔内有伤口，请不要吸毒液。如果是珊瑚蛇咬伤，请不要切开。

（7）轻轻地用肥皂和水洗伤口。不要擦伤口，应用布轻拍，以使其干燥。

（8）脱去伤口附近的衣服和首饰。

（9）在伤口上放一块干净的布或绷带。

（10）观察是否有严重过敏反应。

（11）如果需移动伤者，应抬着他，而不要让他自己走动。

四、其他动物（昆虫）咬伤急救

（一）蜂蜇伤

夏秋季节外出野游，如被蜂蜇伤，不要以为没有什么。应引起重视，有时会导致严重的后果。假如蜂毒进入血管，会发生过敏性休克，以至死亡。

1. 急救措施

（1）被蜂蜇伤后，其毒针会留在皮肤内，必须用消毒针将叮在肉内的断刺剔出，然后用力掐住被蜇伤的部分，用嘴反复吸吮，以吸出毒素。如果身边暂时没有药物，可用肥皂水充分洗患处，然后再涂些食醋或柠檬。

（2）万一发生休克，在通知急救中心或去医院的途中，要注意保持呼吸畅通，并进行人工呼吸、心脏按摩等急救处理。

2. 注意事项

（1）被毒蜂蜇伤后，往患处涂氨水基本无效，因为蜂毒的组织胺用氨水是中和不了的。

（2）黄蜂有毒，但蜜蜂没有毒。被蜜蜂蜇伤后，也要先剔出断刺。在处置上与黄蜂不同的是，可在伤口涂些氨水、小苏打水或肥皂水。

（3）被蜂蜇伤 20min 后无症状者，可以放心。

（二）蜈蚣咬伤

蜈蚣属于多足纲，第一对脚呈钩状，锐利，钩端有毒腺口，一般称为腭牙、牙爪或毒肢等，能排出毒汁，被蜈蚣咬伤后，其毒腺分泌出大量毒液，顺腭牙的毒腺口注入被咬者皮下而致中毒。

1. 蜈蚣咬伤的临床表现

小蜈蚣咬伤，仅在局部发生红肿、疼痛，热带型大蜈蚣咬伤，可致淋巴管炎和组织坏死，有时整个肢体出现紫癜。有的可见头痛、发热、眩晕、恶心、呕吐，甚至谵语、抽搐、昏迷等全身症状。

2. 蜈蚣咬伤的应急处理

蜈蚣咬伤后立即用肥皂水清洗伤口，局部应用冷湿敷伤口，亦可用鱼腥草、蒲公英捣烂外敷。有全身症状者要速到医院治疗。

（三）蝎子咬伤

蝎子属蜘蛛纲，蝎子螯刺人时，由毒腺分泌毒液进入人体，迅速引起一系列中毒反应。

蝎子的毒呈酸性，可以用碱性肥皂水（别用香皂）、苏打水、3%氨水涂在伤口处，如果有蛇药的话。用温开水化开抹在伤口上，没药也可用泡开的冷茶叶（碱性）敷上。在伤肢上端 20～30mm 处，用布带扎紧，每 15min 放松 1～2mm，伤口周围可用冰敷，切开伤处皮肤，用抽吸器或拔火罐等吸出毒液，并选用高锰酸钾液、石灰水冲洗伤口。症状较重者应到医院治疗。

（四）蜘蛛咬伤

蜘蛛有很多种，毒性也不一样，有神经毒、细胞毒、溶血毒等。人被咬后伤口剧痛、出血、甚至导致神志不清。蜘蛛毒也是酸性毒，处理办法与毒蝎子一样，越早越好。

（五）水母触须引起的刺痛

水母触须引起的刺痛是很剧烈地但通常是短暂的。

（1）如果看见伤处有触须，用镊子或干净指甲将其轻轻拨出。用水清洗伤处后，倒上醋或酒，这样有助于对抗螫伤引起的刺激性化学反应。使伤者保持安静。

（2）用冰袋、冷水或类似物冷敷伤处。如果伤者出现严重反应症状（过敏性休克）须寻求医疗急救。如果疼痛在 1～2h 内不缓解，要咨询医生。

（六）海葵刺伤

海葵刺非常细小，几乎看不见，刺伤后也许会很疼，便通常会消失，如果几小时后，疼痛或肿胀仍持续存在，则须去医院诊治。

（1）如果能看见嵌在皮肤里的刺，将其拨出，若不能拨出，则要尽快请医生处理，否则，刺会越来越深进入肌肉内。使伤者保持安静。

（2）用热水冲洗伤处。使用热水瓶或将伤处浸入热水中 30min。这样有助于驱出毒素。监测伤者防止过敏性休克。

【思考与练习】

1. 低温寒冷引起的冻伤如何急救？
2. 如何进行犬类咬伤急救？
3. 被蛇咬伤后，如何进行急救？
4. 被其他动物（昆虫）咬伤者那么办？

第五章　电力建设安全技术

模块 1　电气工具使用的安全技术（TYBZ03105001）

【模块描述】本模块介绍电气工具和仪表的安全使用知识。通过概念解释、原理和要点讲解，掌握电工常用工具的使用安全知识、移动式及手持式电动工具使用的安全技术和绝缘电阻表以及钳形电流表的正确使用方法。

【正文】

一、电工常用工具及使用安全知识

电工常用工具有电工钳、电工刀、螺丝刀、活扳手、电烙铁及喷灯等。

1. 电工钳、电工刀、螺丝刀

电工钳、电工刀、螺丝刀是电工的基本工具。

电工钳有绝缘柄，在使用中手要握在绝缘柄部分，以防止触电。用电工钳剪断导线时，不得同时剪切两根导线，以防造成短路而损坏电工钳甚至危及人身安全。

螺丝刀有绝缘柄，使用时手要握在绝缘柄部分，用其紧固元件时，若左手持元件，右手操作则右手不可用力过大，以防螺丝刀滑脱将左手扎破。

电工刀无绝缘部分，在使用中应注意有触电的危险。在切削导线绝缘时，应选好切削角度。用力适当，防止损伤导线或危及他人的安全。

2. 活扳手

活扳手无绝缘，使用时注意与带电体的距离。活扳手的嘴口开度要适宜，应与欲扳动的器件外径略微大一点，不可过松，防止用力太大而致使扳手滑脱使操作者或他人受伤。

3. 电烙铁

电烙铁属电热器件，在使用中应注意防止烫伤。电烙铁的电源线与电烙铁发热部分应有足够的距离，电源线的导线截面应与电烙铁的容量配合，防止导线碰触发热部分或因导线截面过小而发热使导线损坏。使用电烙铁前，应检查其是否漏电。对于有接零保护端子的电烙铁其接零端子必须接零，注意不得将零线接到暖气管或自来水管上，以防止在保护接零系统中同时出现保护接地。使用过程暂不用时，电烙铁头应放在金属支架上。用毕，待烙铁冷却之后方可收起，以免发生火灾。

4. 喷灯

喷灯属于明火设备，使用前要检查喷灯有无漏气现象，使用喷灯的工作地点附近不得有易燃、易爆物品。喷灯装油的数量不得超过箱体容积的 3/4；在使用中不得将喷灯放在温度高的物体上；喷灯不喷火时，在疏通喷火嘴时，眼睛不能直视喷嘴，防止喷嘴通畅时，汽油喷到眼睛上；工作中喷灯的火焰与带电体要保持一定的距离：10kV 以下，不得小于 1.5m，10kV 以上，不得小于 3m；喷灯加油、放油以及拆卸喷嘴等零件时，必须待火嘴冷却泄压后进行；喷灯用完后，应灭火泄压，待冷却后方可放入工具箱内。

二、移动式及手持电动工具

移动式及手持电动工具，由于在使用过程中需要经常挪动，且与人体紧密接触，触电的危险性较大，故在管理、使用、检查和维修上应给予特别重视。

GB 3787—1983《手持式电动工具的管理、使用检查和维修安全技术规程》中将手持电动工具按触电保护措施的不同分为三类：Ⅰ类工具靠基本绝缘外加保护接零（地）来防止触电；Ⅱ类工具采用双重绝缘或加强绝缘来防止触电，无保护接零（地）措施；Ⅲ类工具采用安全特低电压供电来防止触电。使用时应根据环境选择上述工具类别。在一般场所，应选用Ⅱ类工具。如果使用Ⅰ类工具，必须采用剩余电流动作保护装置或经安全隔离变压器供电，否则，使用者必须戴绝缘手套、穿绝缘鞋或站在绝缘垫上。在潮湿场所或金属构架上作业，应选用Ⅱ类或Ⅲ类工具。如果使用Ⅰ类工具，必须装设剩余电流动作保护装置。在狭窄场所（如锅炉内、金属容器内）应使用Ⅱ类工具。如果使用Ⅱ类工具，也必须装设剩余电流动作保护装置，不得使用Ⅰ类工具。在特殊环境，如湿热、雨雪、有爆炸性或腐蚀性气体的场所使用的手持电动工具还必须符合相应环境的特殊安全要求。必须指出的是，对于Ⅰ类工具的电源线必须采用三芯（单相工具）或四芯（三相工具）铜芯护套软线，其中绿黄双色线用作保护接零（地），使用中切勿错调。

应该按照 GB 3787—1993《手持式电动工具的管理、使用、检查和维修安全技术规程》规定，制订手持电动工具操作规程和管理制度。应对工具进行定期检查和日常检查，以保持工具在机电方面的完好状态。大修后必须进行绝缘电阻测定和耐压试验，不得降低原有绝缘水平。由于电动工具是在人手紧握之中运行而且经常移动，一旦触电后果往往比较严重，所以，对其绝缘要求较一般电气设备高。Ⅰ、Ⅱ和Ⅲ类手持电动工具的绝缘电阻分别要求在 $2M\Omega$、$7M\Omega$ 和 $1M\Omega$ 以上，其交流耐压试验标准分别为 950V，2800V 和 380V。

在特别危险场所，可以考虑采用电气隔离的办法，经隔离变压器向手持电动工具供电。

正确使用手持电动工具对于安全十分重要。工具应有专人保管，工具发放或回收时，使用者和保管员应认真查验，检查工具外壳和手柄是否有破损、保护接零（地）是否妥善、导线及插头是否完好、开关是否好用、转动部分是否灵活、电气和机械保护装置是否完好等。通电前，还应检查电源开关或插销，严禁将导线芯直接插入插座或挂在开关上，特别要防止将火线与零线对调。操作手电钻不得戴线手套。更不可用手握持工具的转动部分或电线，使用过程中要防止电线被转动部分绞缠住。

三、绝缘电阻表和钳形电流表

（一）绝缘电阻表

绝缘电阻表又称兆欧表，俗称摇表，是测量电气设备和电气线路绝缘电阻最常用的一种携带式电工仪表。

在电动机、电气设备和电气线路中，绝缘材料的好坏对电气设备的正常运行和安全发、供、用电有着重大影响。而说明绝缘材料性能好坏的重要参数是它的绝缘电阻大小。绝缘电阻往往由于绝缘材料受热、受潮、污染、老化等原因而降低，以致造成电气短路、接地等严重事故。所以经常监测电气设备和线路的绝缘电阻是保障电气设备和线路安全运行的重要手段。

1. 绝缘电阻表的工作原理

绝缘电阻表的主要组成部分是一个磁电式流比计和一个作为测量电源的手摇发电机。磁电式流比计的测量机构是在同一根转轴上装有两只交叉的线圈，两个线圈在磁场中所受的作用力矩相反，仪表指针的偏转度决定于两个线圈中流过电流的比值。

绝缘电阻表上有三个分别标有接地（E）、线路（L）和保护或屏（G）的接线柱。绝缘电阻表的原理如图 TYBZ03105001-1 所示。

被测电阻 R_x 接于绝缘电阻表的"线"（L）和"地"（E）两端子之间，与附加电阻 R_c 及可动线圈 1 串联，流过可动线圈 1 的电流 I_1 的大小与被测电阻 R_x 的大小有关，R_x 越小，I_1 就越大，可动线圈 1 在磁场中所受力矩 M_1

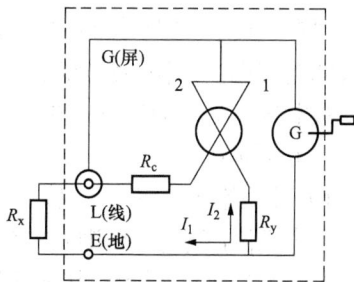

图 TYBZ03105001-1 绝缘电阻表原理图

就越大。可动线圈 2 的电流与被测电阻 R_x 无关，它在磁场中所受力矩 M_2 与 M_1 相反，相当于游丝的反作用力矩。这两个线圈并联加在手摇发电机上。这两个线圈所受的合力矩就决定了绝缘电阻表指针偏转的大小，于是指示出被测电阻的数值。

2. 绝缘电阻表的正确使用

用绝缘电阻表测量绝缘电阻，虽然很简单，但如果对下述问题不注意，那非但测量结果不准，甚至还会损坏仪表和危及人身安全。

（1）测量前的准备：

1）用绝缘电阻表进行测量前，必须先切断被测设备的电源，将被测设备与电路断开并接地短路放电。不允许用绝缘电阻表测量带电设备的绝缘电阻，以防发生人身和设备事故。假如断开了电源，被测设备没有接地放电，那设备上可能有剩余电荷。尤其是电容量大的设备，这时若测量，非但测不准而且还可能发生事故。

2）有可能感应出高电压的设备，在可能性没有消除以前，不可进行测量。

3）被测物的表面应擦干净，否则测出的结果不能说明电气设备的绝缘性能。

4）绝缘电阻表要放置平稳，防止摇动绝缘电阻表手柄时绝缘电阻表掉地伤人和损坏仪表。另外，绝缘电阻表放置地点要远离强磁场，以保证测量正确。

5）绝缘电阻表测量前本身检查。测量前应检查绝缘电阻表本身是否完好。检查方法是：绝缘电阻表未接上被测物之前摇动绝缘电阻表手柄到额定转速，这时指针应指"∞"的位置。然后将"线"（L）和"地"（E）两接线柱短接，缓慢转动绝缘电阻表手柄（只能轻轻一摇），看指针是否指在"0"位。检查结果假如满足上述条件，则表明绝缘电阻表是好的，可以接线使用。假如不符合上述要求，那说明绝缘电阻表有毛病，需检修后才能使用。

（2）接线。一般绝缘电阻表上有三个接线柱："线"（或"相线"、"线路"、"L"）接线柱，在测量时与被测物和大地绝缘的导体部分相接；"地"（或"接地"、"E"）接线柱，在测量时与被测物的金属外壳或其他导体部分相接；"屏"（或"保护"、"G"）接线柱，在测量时与被测物上的遮蔽环或其他不需测量部分相接。一般测量时只用"线"和"地"两个接线柱。只有在被测物电容量很大或表面漏电很严重的情况才使用"屏"（"保护"）接线柱。将"屏"接线柱与被测物表面遮蔽环连接后，被测物大的电容电流或漏电流就直接经"屏"端子通过，不再进仪表，这样在测量大电容量被测物绝缘电阻时就准确。

（3）测量：

1）转动绝缘电阻表手柄，使转速达到 120r/min 左右。这样绝缘电阻表才能产生额定电压值，测量才能准确（绝缘电阻表刻度值是根据额定电压值情况下计算出的绝缘电阻值），而且转动时转速要均匀，不可忽快忽慢，使指针摆动，增大测量误差。

2）绝缘电阻值随测量时间的长短而不同，一般采用 1min 以后的读数为准。当遇到电容量特别大的被测物时，需等到指针稳定不动时为准。

3）测量时，除记录被测物绝缘电阻外，必要时，还要记录对测量有影响的其他条件，如温度、气候、所用绝缘电阻表的电压等级和量程范围等型号规格以及被测物的状况等，以便对测量结果进行综合分析。

（4）拆线。在绝缘电阻表没有停止转动和被测物没有放电以前，不可用手去触摸被测物测量部分和进行拆除导线工作。

在做完大电容量设备的测试后，必须先将被试物对地短路放电，然后再拆除绝缘电阻表的接线，以防止电容放电伤人或损坏仪表。

《国家电网公司电力安全工作规程（变电站和发电厂电气部分）》中规定：用绝缘电阻表测量高电压设备绝缘，应由两人担任。测量用的导线，应使用绝缘导线，其端部应有绝缘套。测量绝缘时，必须将被测设备从各方面断开，验明无电压，确实证明设备上无人工作后，方可进行。在测量中禁止他人接近设备。在测量绝缘前后，必须将被测设备对地放电。测量线路绝缘时，应取得对方允许后方可进行。在有感应电压的线路上（同杆架设的双回线或单回线与另一线路有平行段）测量绝缘时，必须将另一回路线路同时停电，方可进行。雷电时，严禁测量线路绝缘。在带电设备附近测量绝缘电阻时，测量人员和绝缘电阻表安放位置，必须选择适当，保持安全距离，以免绝缘电阻表引线或引线支持物触碰带电部分。移动引线时，必须注意监护，防止发生触电事故。

（二）钳形电流表

钳形电流表是一种在不切断电路的情况下测量电路中电流的便携式仪表。这种仪表的外形结构如图 TYBZ03105001-2 所示。它实质上是一个电流互感器加一个电流表组成。夹在钳口中的导线相当于电流互感器的一次绕组，导线中的被测电流反应到绕在钳子铁心上的二次绕组，在与之相连的电流表中指示出被测电流的大小。

钳形电流表只能测量交流电流，一般用来测量 400V 以下的电流，如低压母线、低压开关、低压交流电动机等的电流。由于钳形电流表的准确度不高，所以通常只用在不便于拆线或不能切断电路的情况下进行测量，以了解电气设备或电路的运行情况。

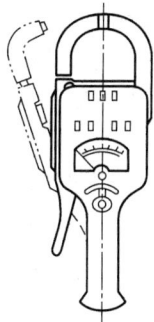

图 TYBZ03105001-2
钳形电流表外形

使用钳形电流表测量时应注意：被测电路的电压不可超过钳形电流表的额定电压值。切勿在测量过程中，夹着测量导线而切换量程挡，以免发生电流互感器二次侧开路，产生高电压和铁心高度发热造成人身事故和钳形电流表损坏事故。测量时应将被测导线位于钳口中部，并使钳口紧密闭合，这样才能较准确测量。如果钳口闭合不紧密，则铁心磁路的磁阻增大，会使铁心发热并伴有嗡嗡声。测量过程中，操作人员应保持人身与带电部分的安全距离，尤其在读数时，需当芯头部与带电部分距离，不能太近或碰到带电体，造成触电事故。在测量过程中要防止造成相间短路或接地短路。

《国家电网公司电力安全工作规程（变电站和发电厂电气部分）》中规定：值班人员在高压回路上使用钳形电流表测量时应由两人进行。在高压回路上测量时，严禁用导线从钳形电流表另接表计测量。测量时若需拆除遮栏，应在拆除遮栏后立即进行。工作结束应立即将遮栏恢复原位。测量时操作人员应戴绝缘手套，站在绝缘垫上，不得触及其他设备，以防短路或接地。观察表计时，要特别注意保持头部与带电部分的安全距离。在测量高压电缆各相电流时，电缆头间距离应在 300mm 以上，且绝缘良好，测量方便，才可进行。钳形电流表应保存在干燥的室内，使用前要擦拭干净。

【思考与练习】

1. 电工常用工具有哪些？使用的注意事项是什么？
2. 移动式及手持电动工具使用时应该注意些什么？
3. 兆欧表和钳形电流表使用时应注意些什么？

模块 2　脚手架模板安全技术（TYBZ03105002）

【模块描述】本模块介绍脚手架的种类、脚手架搭设和拆除的安全要求、模板的安全技术要求。通过概念解释、要点讲解，了解脚手架的安全使用要求和注意事项、脚手架拆除安全要求，模板施工和拆模的安全技术要求。

【正文】

一、脚手架的种类

脚手架的种类有：扣件式脚手架、碗扣式脚手架、楔紧式脚手架、圆盘式脚手架、卡板式脚手架、轮盘式脚手架、门式脚手架、塔式脚手架等。

扣件式钢管脚手架，由于该脚手架加工简单、搬运方便、通用性强等特点而成为当前我国使用量最多，应用最普遍的一种脚手架。

门式脚手架。由于该脚手架具有轻便、搭建简单、移动方便等优点而赢得市场认可。但门式脚手架在搭设高度、承载能力、大面积搭建的整体稳定性等方面也存在一定的限制，这是其未能占领主流市场的主要原因。

承插式脚手架中较先进的一种碗扣式钢管脚手架。这种脚手架具有装拆效率高、使用寿命长、结构强度高、附件不易丢失、使用安全可靠等优点，在高层建筑和桥梁工程中均已大量推广应用，并取得较好效果。

扣盘式钢管脚手架。该脚手架采用特殊结构设计的扣盘，使脚手架的立、横、斜三杆轴线汇交于一点，传力到位不偏心，增强了杆件的抗剪强度和承载力，也使构架整体的稳定性得到提升，使目前国内外承插类型的脚手架优势更加明显。如图 TYBZ03105002-1 所示。

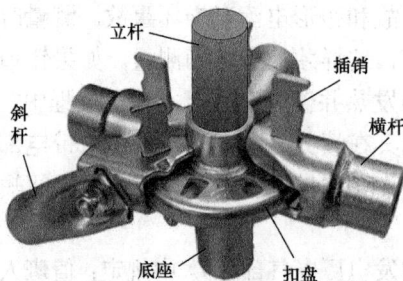

图 TYBZ03105002-1　扣盘式钢管脚手架

脚手架还可按遮挡大小分为：

（1）敞开式脚手架（仅设有作业层栏杆和挡脚板，无其他遮挡设施的脚手架）。

（2）局部封闭脚手架。

（3）半封闭脚手架。

（4）全封闭脚手架（沿脚手架外侧全长和全高封闭的脚手架）。

（5）开口型脚手架。

（6）封圈型脚手架。

二、脚手架安全技术一般要求

（一）脚手架的使用要求

（1）脚手架要有适当的宽度（或面积）、步架高度、离建筑物的距离等，以能够满足人工操作、物料堆置和运输的需要为准。

（2）脚手架要具有稳定的结构和足够的承载能力，能保证施工期间可能出现在使用荷载（规定限值）的作用下不变形、不倾斜、不摇晃，并在较大的冲击力下不倾覆。

（3）脚手架的搭设应与垂直运输设施（电梯、井字架、龙门架等）和楼层或作业面高度相互适应，以确保物料垂直运输转入水平运输的需要，并根据现场需要设置施工操作人员的上下通道。

（4）搭设、拆除和搬运方便，并应综合考虑多层作业、交叉作业和多工种作业的同时需求，合理搭设，减少多次装拆。

（二）安全使用脚手架应注意的事项

确保使用安全是脚手架工程中的首要问题，通常应考虑以下几个环节：

（1）把好材料、用具和产品的质量关。加强对架设工具的管理和维护保养工作，避免使用质量不合格的架设工具和材料。

（2）确保脚手架具有一定的稳定性和足够的坚固性。普通脚手架的构造应符合有关规程规定；特殊工程脚手架，如重荷载（同时作业超过两层等）脚手架、施工荷载显著偏于一侧的脚手架和高度超过 15m 的脚手架必须进行设计和计算。

（3）认真处理脚手架地基。要确保地基具有足够的承载力（高层和重荷载脚手架应进行架子基础设计），避免脚手架发生局部悬空或沉降；脚手架应设置足够多的牢固连墙点，依靠建筑结构的整体刚度来加强和确保整片脚手架的稳定性。

（4）确保脚手架搭设安全可靠。

（5）严格控制使用荷载，确保有较大的安全系数。

（6）6 级以上大风、大雾、大雨和大雪天气下应暂停在脚手架上作业。雨雪后上架操作要有防滑措施。

（7）加强使用过程中的检查，发现立杆沉陷或悬空、连接松动、架子歪斜、杆件变形、脚手板上结冰等应立即处理。在上述问题没有解决之前严禁使用。

（8）脚手架搭设时应严格禁止钢木混搭和钢竹混搭。由于种种原因致使较长时间不用、又不能拆除的脚手架，在重新使用之前必须经有关部门和人员检查，验收合格后方可恢复使用。

三、脚手架拆除安全要求

（1）拆除脚手架的方法和顺序。拆除脚手架的方法和顺序要按照规程的规定或经审定后的拆除施工方案进行。拆除大型的脚手架及高处危险性较大的独立脚手架，应由负责该工程的技术人员会同班组长填写安全作业票，编制详细的安全措施方案及作业指导书经有关部门审定，交底后方可进行。

（2）拆除大面积的脚手架，应事先做好以下准备工作：

1）在拆除区周围设置防护栏杆，划定危险区域，通道口悬挂警示牌，必要时应设专人把住通道口。

2）首先切断敷设在需拆脚手架上的临时电源和水气管（电源线由电工拆，水气管由水暖工拆）。

3）除派地面监护人员外，高处脚手架的拆除也应指定监护人员来监护拆除工作。当拆除某一部分时应不使另一部分或其他的结构部分产生倾倒，发现异常立即处理。

（3）拆除脚手架严禁上下同时作业。拆除应本着先拆上后拆下（即先绑后拆，后绑先拆）的原则。一般先拆护身拉杆，后拆剪刀撑上各部分扣件，然后拆平台、斜道、小横杆、大横杆及立杆和底座。

（4）拆除脚手架时，不得采用将整片脚手架推倒的方法。拆下来的材料，应随时运送到集中处堆放，并及时清理铁线和金属扣件。

（5）在高压线附近拆除脚手架时，必须先联系停电或采取有效的措施，并严格执行安全规程的规定。

（6）拆除大横杆、剪刀撑时，应先拆中间扣，再拆两边扣，拆除长杆时要两人互相配合好，一齐向下放料。

（7）拆除脚手架的施工人员必须佩戴好安全帽，扣好安全带，穿防滑鞋。在夜间拆除脚手架时，必须有足够的照明和有效的安全措施，否则不得在夜间拆除。

（8）拆下的材料必须用绳索拴牢，杆件用人力或滑轮运至下方，用工具桶（加盖）将扣件送至下方。严禁随意抛掷任何物件。

四、模板

模板是新浇混凝土成形用的模型，是保证混凝土构件具有要求形状和尺寸的关键设备之一。

（一）模板施工的安全技术

（1）模板工程作业高度在 2m 和 2m 以上时，应根据高空作业安全技术规范的要求进行操作和防护，在 4m 以上或二层及二层以上周围应设安全网和防护栏杆。

（2）支模应按规定的作业程序进行，模板未固定前不得进行下一道工序。严禁在连接件和支撑件上攀登上下，并严禁在上下同一垂直面安装、拆模板。

（3）支设高度在 3m 以上的柱模板，四周应设斜撑，并应设立操作平台，低于 3m 的可用马凳操作。

（4）支设悬挑形式的模板时，应有稳定的立足点。支设临空构筑物模板时，应搭设支架。模板上有预留洞时，应在安装后将洞盖没。混凝土板上拆模后形成的临边或洞口，应按规定进行防护。

（5）操作人员上下通行时，不许攀登模板或脚手架，不许在墙顶、独立梁及其他狭窄而无防护栏的模板面上行走。

（6）模板支撑不能固定在脚手架或门窗上，避免发生倒塌或模板位移。

（7）在模板上施工时，堆物不宜过多，不宜集中一处，大模板的堆放应有防倾措施。

（8）冬季施工，应对操作地点和人行通道的冰雪事先清除；雨季施工，对高耸结构的模板作业应安装避雷设施；五级以上大风天气，不宜进行大块模板的拼装和吊装作业。

（二）拆模的安全技术要求

（1）模板支撑拆除前，混凝土强度必须达到设计要求，并应申请、经技术负责人批准后方可进行。

（2）各类模板拆除的顺序和方法，应根据模板设计的规定进行，如无具体规定，应按先支的后拆，先拆非承重的模板，后拆承重的模板和支架的顺序进行拆除。

（3）拆模时必须设置警戒区域，并派人监护。拆模必须拆除干净彻底，不得留有悬空模板。

（4）拆模高处作业，应配置登高用具或搭设支架，必要时应戴安全带。

（5）拆下的模板不准随意向下抛掷，应及时清理。临时堆放处离楼层边沿不应小于 1m，堆放高度不得超过 1m，楼层边口、通道口、脚手架边缘严禁堆放任何拆下物件。

（6）拆模间歇时，应将已活动的模板、牵杠、支撑等运走或妥善堆放，防止因踏空、扶空而坠落。

【思考与练习】

1. 脚手架安全技术一般要求有哪些？

2. 脚手架拆除安全要求注意什么？

3. 模板施工安全技术一般要求有哪些？

4. 模板拆除安全要求注意什么？

模块 3　高处作业及交叉施工的安全技术
（TYBZ03105003）

【模块描述】本模块介绍登杆塔、登梯等高处作业及交叉施工的安全要求。通过对高处作业及交叉施工的安全技术讲解，掌握高处作业概念及一般安全要求、交叉施工的安全技术、杆塔作业和登梯作业的安全要求。

【正文】

一、高处作业

（一）高空作业

在电力生产建设中，很多作业要在高处进行。凡在坠落高度基准面 2m（含 2m）以上有可能坠落的高处进行的作业，均称为高处作业。高处作业按高度不同分为四个等级：高度在 2～5m，称为一级高度作业；高度在 5～15m，称为二级高处作业；高度在 15～30m，称为三级高处作业；高度在 30m 以上时称为特级高处作业。

高处作业环境特殊，危险性大，事故常有发生。

为了防止高处作业事故的发生，经医师诊断，患有精神病、癫痫病、高血压、心脏病等不宜从事高处作业病症的人员，不准参加高处作业。发现工作人员精神不振时，应禁止其登高作业。

（二）一般安全要求

（1）凡能在地面上预先做好的工作，都必须在地面上做，减少高处作业。

（2）高处作业的工作现场要有足够的照明。

（3）高处作业场所的栏杆、护板、井、坑、孔、洞、沟道的盖板必须完好，损坏的应立即修复。

（4）高处作业中如果需要取掉孔洞盖板，或者临时割开孔洞时，必须装设临时围栏和悬挂标志牌。工作结束后，必须立即恢复原状，以防造成事故。

（5）禁止在石棉瓦等不坚固的屋顶上站立、行走或工作。各个承重临时平台要进行专门设计并核算其承载力。

（6）高处作业场所的孔洞要使用牢固的专用盖板，不得用石棉瓦等不结实的板材加盖。

（7）在气温低于−10℃进行露天高处作业时，施工场所附近应设取暖休息室。在气温高于 35℃，进行露天高处作业时，施工场所应设凉棚并配备适当的防暑降温设施和饮料。

（8）遇有 6 级以上大风或恶劣气候时，应停止露天高处作业。有霜冻或雨雪天气进行露天作业时，应采取防滑措施。

（9）高处作业必须系好安全带，安全带应挂在上方的牢固可靠处。

（10）高处作业人员应衣着灵便，衣袖、裤脚应扎紧，穿软底防滑鞋。

（11）高处作业人员应配带工具袋，较大的工具应系保险绳。

（12）高处作业传递物品时，严禁抛掷。

（13）高处作业时不得坐在平台、孔洞边缘，不得骑在栏杆上，不得站在栏杆外工作。

（14）不得在高处作业场所躺在走道板上或安全网内休息。

（15）严禁酒后从事高处作业。

（16）高处切割作业的工件、边角料等应放置在牢靠的地方或用铁丝绑牢并有防止坠落可能的措施。

（17）在高处作业现场开始工作前或行走时要先观察周围环境是否安全，有无孔洞未加盖板和临时防护措施。

（18）在没有栏杆的脚手架上作业时，必须系安全带。

（19）高处作业区附近有带电体时，传递绳索应使用干燥的麻绳或尼龙绳，严禁使用金属线。

（20）特殊高处作业的危险区应设围栏及"严禁靠近"的警告牌。

（21）临边作业时，悬空一侧应设防护栏杆、扶手绳，并在外围架设安全网。

（22）电梯预留井或其他深层孔洞内最多隔 10m 就应设一道安全网（间距过大时人或物坠落冲击力过大，易使人受伤或冲破安全网，起不到应有的保护作用）。

（23）高处作业现场边长在 1500mm 以上的洞口，四周应设防护栏杆，洞口下应张设安全网。

（24）工作人员应思想集中，认真按高处作业安全规程进行作业。

二、交叉施工

（一）交叉作业

从广义上讲，交叉作业是指两个及以上的工序或施工项目在同一场所或同一工程上同时进行的作业；从狭义上讲，它是指在施工现场的上下不同层次，处于空间贯通状态下同时进行的高处作业。高处作业时，应尽量减少立体交叉作业，最好不要在上下同一垂直面上作业。必须交叉时，施工负责人应事先组织交叉作业各方确定各自的施工范围及安全注意事项，各工序应统一协调、密切配合。交叉作业各层间必须搭设严密、牢固的防护隔离设施。虽为交叉作业但不在同一场所进行，两者互不干扰，要注意衔接和配合就应采取协调或防护措施，以确保施工人员及设备的安全。应有足够的人力，统一指挥，防止倾倒伤人。

（二）安全技术对交叉施工的要求

（1）交叉作业前应与交叉单位联系，明确责任和权力，编写安全措施，消除安全隐患。

（2）按规定安装相应的安全防护设施，设置相应的安全警示标志。

（3）应保证特殊高处作业的通信顺畅。

（4）在高处作业及交叉施工时，应严格遵守高处作业及交叉作业的安全规定。

（5）协调交叉作业中不同单位间的安全关系。

（6）施工完毕后，应拆除不用的安全隔离设施。

三、杆塔作业安全要求

（1）攀登电杆一般使用脚扣或升降板。如果杆塔带有脚钉，应通过脚钉攀登。

（2）使用脚扣前，先应检查脚扣有无断裂或腐蚀，脚扣皮带是否完好。然后将脚扣扣在电杆上距地面 0.5m 左右处，分别对两只脚扣进行冲击试验。一只脚站在脚扣上，双手抱杆，借人体质量用力向下踩蹬，检查脚扣有无变形或损坏，不合格者严禁使用。

（3）在登杆时，脚扣皮带的松紧要适当，以防脚扣在脚上转动或脱落。

（4）在刮风天气，应从上风侧攀登，在倒换脚扣时，不得互相碰撞。

（5）站在脚扣上进行高处作业时，脚扣必须与电杆扣稳。

（6）两个脚扣不能互相交叉，以防滑脱。

（7）使用升降板时，先应检查脚踏板有无断裂、腐朽，绳索有无断股。然后进行人体冲击试验，不合格者严禁使用。

（8）用升降板登杆时，升降板的挂钩应朝上，并用拇指顶住挂钩，以防松脱。

（9）在倒换升降板时，应保持身体平衡，两板间距不宜过大。

（10）新立电杆必须将杆基回填土填满夯实后，方可登杆工作，以防倒杆事故发生。

（11）登木杆前，必须先检查杆根是否牢固。发现腐朽时，应支好叉杆或采取其他加固措施后方可登杆。

（12）当电杆杆基被雨水冲刷，或者被取土时，应先培土加固，或支好叉杆后，方可登杆。

（13）在杆塔上放线时，必须加设合格的临时拉线，以平衡杆塔两侧的张力。

（14）要克服图省事、怕麻烦的侥幸心理，不能采用突然剪断导线、架空地线的做法松线。

四、登梯作业安全要求

（1）高处作业使用的各种梯子，在使用前应进行认真检查，确保梯子完整牢固。

（2）在水泥或光滑的地面上，应使用梯脚装有防滑胶套或胶垫的梯子。在泥土地面上，应使用梯脚带有铁尖的梯子。

（3）禁止把梯子放在木箱等不稳固的支持物上使用。

（4）硬质梯子的横挡应嵌在支柱上，梯阶的距离不应大于 40cm，并在距梯顶1m处设限高标志。使用单梯工作时，梯与地面的斜角度约为 60°。梯子不宜绑接使用，人字梯应有限制开度的措施。人在梯子上时，禁止移动梯子。

（5）为了防止梯子倒落，登梯作业时应有人监护并扶梯。

（6）在梯上工作时，一只脚踩在梯阶上，一条腿跨过梯阶踩在或用脚面钩住比站立梯阶高出一阶的梯阶上，距梯顶不应小于 1m，以保持人体的稳定。

（7）使用中的梯子，禁止移动，以防造成高处坠落。

（8）靠在管道上使用梯子时，梯顶需有挂钩，或用绳索将梯子与管道捆绑牢靠。

（9）在门前使用梯子，应派人看守或者采取防止门突然开启的措施。

（10）使用人字梯前，应检查梯子的绞链和限制开度的拉链应完好。

（11）在人字梯上工作，不能采取骑马或站立，以防梯脚自动展开造成事故。

（12）绳梯的架设应指定专人负责或由使用者亲自架设，绳梯应挂在牢靠的物体上。攀登绳梯前，要借助人体重力向下踩蹬，证实完好后方可登梯。使用绳梯上下攀登时必须使用攀登自锁器。在绳梯上只许一个人进行工作，工作人员应衣着灵便。

【思考与练习】

1. 登高作业时一般安全要求有哪些？
2. 杆塔作业安全要求注意些什么？
3. 登梯作业安全要求的主要内容有哪些？
4. 交叉施工的安全要求有哪些内容？

模块 4　电气焊与切割安全技术（TYBZ03105004）

【模块描述】本模块介绍电气焊与切割的安全技术。通过概念解释、定性分析和要点讲解，熟悉焊接事故的种类及其产生的原因、掌握焊接的安全注意事项和正确使用个人防护用品。

【正文】

一、焊接事故及发生的原因

由于焊接工作的不慎而引起人身伤亡、设备损坏和经济损失的事故叫焊接事故。

焊接是一种事故多发性的工种，焊接过程中经常发生的事故主要有：火灾、爆炸、触电、烧伤、烫伤、弧光打眼、中毒和设备损坏等八种。

（一）火灾

焊接属于明火作业，着火、失火甚至火灾的频率是较高的。

着火是指起火的范围很小，火势不大，也不蔓延，不予以报警，经及时扑救，经济损失很小。失火是指起火范围较大，但有局限性，及时扑灭后经济损失较大，一般称之为火警。火灾，则指起火范围很大并蔓延，扑救难度很大，并还能引起一连串的其他事故发生，经济损失极大。火灾主要是明火（包括割焊的熔渣、飞溅等）与易燃物品相接触而引起的。

（二）爆炸

焊接时，引起爆炸事故的原因如下：

1. 乙炔气引起爆炸

（1）乙炔气压力在 0.15～0.2MPa，温度为 450～500 ℃时，就会引起爆炸。

（2）2.8%～80%（按容积）的乙炔气与空气形成的混合气体易爆炸，危险界限为乙炔含量 7%～13%。

（3）乙炔与紫铜、银、水银长期接触，受到剧烈震动或温度达 110～120℃时也能引起燃爆。

2. 乙炔发生器易爆的情况

（1）乙炔气中的磷化物与空气混合能引起自燃；

（2）发生器内温度高，乙炔气压力过大；

（3）电石颗粒太小，装得过多；

（4）发生器内充水不足或混浊灰浆过多。

3. 氧气瓶在下列条件下易爆

（1）氧气瓶的氧气出口沾有油脂（如凡士林油、重油、石蜡等）；

（2）氧气瓶受到猛烈震动击打；

（3）日光的曝晒或接近热源、火源；

（4）氧气瓶有裂纹、凹坑、砂眼等缺陷。

4. 其他原因

如焊接盛过易燃、易爆物品的容器时，也易引起燃爆。

（三）触电

电焊属于带电作业的一个工种，无论在电源的开合、换焊条或带电设备漏电以及直接在带电设备上进行焊接等，均能引起人身触电事故。

（四）中毒

电焊时，焊条涂料中所散发出来的有害气体、粉尘、烟雾以及有色金属的焊接，均能引起人身中毒。

（五）弧光打眼

电焊时，电弧辐射出的可见光、红外线和紫外线，对人的眼睛刺激性很强，极易引起眼疾。

（六）烧伤

人身与明火（如火焰）直接接触而引起的伤害叫烧伤。电弧光灼伤皮肤、开关熔断器熔断而伤害脸、手，也属烧伤范围。

（七）烫伤

人身直接接触温度很高的物件所造成的伤害叫烫伤。如割焊的熔渣、飞溅、炽热的焊条头或铁件等。

（八）设备损坏

气割或气焊时，由于火焰逆流（回火）引起乙炔发生器爆炸；电焊机长期处于短路状态使用，线圈绝缘损坏造成与外皮或线圈间短路等，均会使设备遭到破坏。

二、焊接安全注意事项

1. 一般要求

（1）在焊接或切割工作场所，必须设置消防设备和工具，如消防栓、砂箱、灭火器、盛水水桶和消防用具。

（2）严禁在带有压力或带电设备上割焊。

（3）割焊盛过油脂、有毒或可燃物品的容器时，应事先用蒸气吹洗或热碱水冲洗，再用清水洗净，并将所有孔洞、阀门打开。满足割焊条件后，方可进行。

（4）割焊前，应先检查其周围（或下面）有无易燃、易爆物品。如有，应将其清除至 10m 以外的安全地带。无法移动（包括割焊）时，应采取安全措施，如用防火器材遮盖，设挡火板或设接火袋等，并设专人监护。

（5）风力超过 5 级时，严禁进行割焊工作。

（6）在一般场合下，焊割所用的采光行灯电压不应超过 36V。特殊场合（如容器、沟道内）使用的行灯电压不得超过 12V，以防触电。

（7）室内割焊作业应有良好的通风，地面无油脂或其他易燃物。

（8）高空作业时，不得任意向下抛物（包括焊条头）。

（9）割焊后，应检查其四周有无余火。如有，应及时扑灭。

2. 手工电弧焊安全要求

（1）焊机在使用前，应检查有无漏电或短路现象。各部位的螺丝有无松动，接线螺丝、外壳接地接触的是否良好。

（2）焊机在使用过程中，严禁长期处于短路状态工作，并注意有无过热和杂音等异常现象。

（3）焊机的外露带电部分，应用保护罩遮挡。电焊电缆的破头裸露处，应用胶布绑扎好或更换。

（4）开合闸时，焊工应戴绝缘手套（或用木杆），侧身站在绝缘物（木板或胶皮）上，另一只手不得按在焊机上。

（5）按劳动保护规定穿戴好劳保用品。

（6）不得只用黑玻璃观看电弧。引弧时，应通知附近人员勿伤眼睛，电焊周围应设挡光围屏。

【思考与练习】

1. 有哪些焊接事故，其产生的原因是什么？

2. 焊接时应该注意哪些事项？

3. 手工气焊与气割安全的要求是什么？

模块 5　额定值与设备的安全技术（TYBZ03105005）

【模块描述】 本模块介绍电气设备（含元器件）的额定值、导线及电缆绝缘的安全载流量。通过概念解释和定性分析，掌握设备的额定值与设备安全的关系、影响导线的安全载流量的因素及其与安全的关系。

【正文】

电气设备的额定值是设计者为保证电气设备在一定条件下安全运行所规定的技术参数定额。电气设备在额定值下运行，将具有良好的技术经济性能，而且能在设计的寿命期内安全运行。如果电气设备在超过其额定值下运行，例如工作电流超过额定值过多，就会使设备载流部分发热、绝缘温升过高；工作电压超过额定值则会使铁心发热、绝缘击穿。严重偏离额定值运行将导致设备烧毁或损坏。因此，必须按照额定值使用电气设备、导线、元器件和电工材料，这是保证电气设备和线路安全运行，实现安全用电的必要条件。

一、电气设备（含元器件）的额定值

电气设备的额定值也可称为额定参数，这些参数多为电气量（如电压、电流、功率、频率、阻抗、功率因数等），也有一些是非电量（如温度、转速、时间、气压、力矩、位移等）。不同类型的电气设备或元器件，其额定值的项目有所不同。比如白炽灯泡，通常只标有额定电压和额定功率；电动机、变压器等电力设备则标有更多的额定参数：额定电压、额定功率（容量）、额定电流、额定频率、额定功率因数、额定效率和允许温升等。一些开关电器除了标明额定电压和电流外，还标有说明开关开断性能及短路稳定性的额定参数，如额定断路电流、额定断路容量、分闸时间、动稳定电流、热稳定电流等项目。电气设备的额定值可在产品铭牌、包装、设备手册或产品样本中查阅到。必须指出的是电气设备的四个主要的电气量额定值——电压、电流、功率、阻抗之间存在着互相换算的关系，可以从其中的两个演算出另外的两个。

　　额定值是选择、安装、使用和维修电气设备的重要依据。下面重点讨论额定电压和额定电流与电气设备安全的关系。

　　1. 额定电压与设备安全的关系

　　电气设备的额定电压是在产品设计时就被选定的。电气设备在额定电压下运行，不仅有安全保障，而且有最良好的技术经济指标。因此，一切电气设备和电工器材的选择和投运，首先必须保证其额定电压与电网的额定电压相符。其次，电网电压波动引起的电压偏移（常以用电设备装接地点的电网实际电压偏离其额定电压的百分数表示）必须在允许的范围内，如照明设备允许电压偏移±5%，电动机允许电压偏移−5%～＋10%。如果用电设备的额定电压与电网的额定电压不符或电压偏移过大，将使设备不能正常工作，甚至发生设备或人身事故。

　　2. 额定电流与设备安全的关系

　　当选用和安装电气设备时。在确定了额定电压后，第二步应考虑的技术参数就是额定电流（或额定容量）了。所谓额定电流，是指在一定的周围介质温度和绝缘材料允许温度下，允许长期通过电气设备的最大工作电流值。当设备在额定电流下工作时，其发热不会影响绝缘性能，温度也不会超过规定值。如果变压器的负荷电流超过其额定电流，绕组的温度就会超过 A 级绝缘材料的允许最高工作温度 105℃，温升也会超过允许值，绝缘的老化速度将加剧，轻则缩短变压器的寿命，重则会引发绝缘击穿短路事故。变压器如此，其他电气设备亦然。所以，限制电气设备的工作电流，勿使超过其额定电流，这是保证电气设备安全运行的重要条件。

　　由上述关于额定电流的定义可知，电气设备的额定电流是以一定的周围介质温度为条件的。设备铭牌上所标示的额定电流，一般是按环境温度（即所谓周围介质计算温度）为 40℃设计的。实用上，当周围环境温度低于 40℃时，每降低 1℃，电气设备的负荷电流允许比额定值增加 0.5%，但增加的总量不得超过 20%；而当周围环境温度高于 40℃，每升高 1℃，电气设备的负荷电流则应降低 1%。

　　额定容量或额定功率，在设备的额定电压被确定后，其规定条件和额定电流相同，对于电气设备的安全运行也具有相同的意义。

　　3. 其他额定值对设备安全的影响

　　除额定电压和额定电流（容量）外，其他一些额定技术参数对设备的安全也有重要影响，在选用电气设备时也应考虑到。例如开关设备的额定断路容量（也称遮断容量）、热稳定电流、动稳定电流对于开关的安全就具有十分重要的意义。如果遮断容量小于开关安装地点的短路功率，电路发生短路故障时，开关将不能有效地开断（灭弧），这将会引起开关爆炸并扩大故障范围；如热稳定电流和动稳定电流满足不了要求，在短路故障的持续时间内，开关将发生热破坏和机械破坏。又如直流电动机超速（即其转速超过额定转速）运行时，电枢绕组会受到离心力的破坏；

再如硅整流元件截止期间所承受的反向电压超过其允许的反峰电压时，会使整流元件击穿损坏。这些例子都告诉我们，必须充分理解额定值的意义及其对设备安全的影响。

二、导线及电缆绝缘的安全载流量

1. 安全载流量及其与安全的关系

导线长期允许通过的电流称为导线的安全载流量。

导线的安全载流量主要取决于线芯的最高允许温度。线芯的最高允许温度主要是从安全的观点来考虑的。如果通入导线的电流过大，电流的热效应会使导体温度过高，将加速绝缘导线和电缆绝缘的老化甚至被击穿，还会使导体的接头过热而发生强烈氧化，导致接触电阻增大。接触电阻的增大又会使接头处更热，温度急剧上升，如此恶性循环的结果会造成接头烧坏，导致严重事故，敷设于室内的导线工作电流过大，还会引起火灾。因此，必须限制导线和电缆的最高工作温度，应将通过导线的工作电流限制在安全载流量内。

2. 导线和电缆的安全载流量

导线的安全载流量与导线的截面积、绝缘材料的种类、环境温度、敷设方式等因素有关。母线的安全载流量还与母线的几何形状、排列方式有关。

3. 导线负荷电流的计算方法

为保证线路的安全运行，应使导线的工作温度不超过其最高允许温度，换句话说，就是要求长期通过导线的负荷电流不超过导线的安全载流量。

【思考与练习】

1. 什么是电气设备（含元器件）的额定值，有什么作用？
2. 什么是导线及电缆绝缘的安全载流量，其作用如何？

模块 6　用电设备的安全技术（TYBZ03105006）

【模块描述】本模块涉及常用保护电器与开关电器。通过保护电器与开关电器的安全技术知识讲解，掌握保护电器与开关电器的安全使用方法。

【正文】

按照技术要求和规定正确安装和使用低压电器，不仅对电动机等用电设备的安全，而且对电器本身的安全都是十分重要的。对各种常用低压电器的安全技术有专门的要求。

一、刀开关类

这类开关有胶盖闸刀开关、刀闸开关、铁壳开关、石板闸刀开关等多种。除装有灭弧室的刀闸开关外，这类开关均不允许用来切断负荷电流，铭牌上所标的额定电流是开关触头及导电部分允许长期通过的工作电流，而非断路电流。因此，按工作原理刀开关只能作电源隔离开关使用，不应带负荷操作。若用刀开关来直接控制电动机，须降低容量使用。胶盖闸刀开关控制电动机的容量不宜超过 5.5kW。其额定电流宜按电动机额定电流的 3 倍选择。铁壳开关可用来直接控制 15kW 及以下电动机不频繁的全压起动，其额定电流一般也按电动机额定电流的 3 倍选择。铁壳开关也可用于更大功率的电动机回路，作为电源隔离开关。

刀开关常与熔断器串联配套使用，可以靠熔体实现短路或过载保护功能。熔体的额定电流不应大于闸刀开关的额定电流。

二、自动空气开关

自动空气开关具有良好的灭弧性能和保护功能。它既能带负荷通、断电路，又能在电路过载、短路和失压时自动跳闸，其功能类同于高压断路器。故又称自动空气开关为低压断路器。

自动开关的保护功能是由脱扣器来实现的。根据不同的需要可以配备电磁脱扣器（起短路保护作用），热脱扣器（起过载保护作用）、失压脱扣器（起失压或欠压保护作用）和分励脱扣器（起远方分闸作用）。同时具有短路和过载保护两种功能的脱扣器称为复式脱扣器。按保护性能不同，自动开关分为非选择性和选择性两类。前者多为瞬时动作，只起短路保护作用，也有长延时动作的，只起过载保护作用。后者有两段式保护和三段式保护两种特性。其中三段式的瞬时段和短延式段分别适于电流速断、短时限过流保护，长延时段则用于过载保护。

自动开关可用于配电线路、电动机线路、照明线路和漏电保护。使用时，应正确整定脱扣器动作电流以获得保护的灵敏度和选择性。

自动开关的合闸操作方式按其结构型式和容量大小分为手动操作（有直接手柄操作和杠杆操作两种方式）和电动操作（有电磁铁操作和电动机操作两种方式）两种。塑料外壳式（亦称装置式）自动开关多为直接手柄式操作，手柄有合闸、自由脱扣和分闸三个位置。开关处于台闸位置时。手柄在上方；开关处于自由脱扣位置时，手柄在中间，表明因线路有故障，开关已自动跳闸（脱扣）。当发现手柄在中间位置，应将手柄板向下方使开关分闸（亦称再扣），为故障排除后再度合闸做好准备。如果不完成再扣动作，就直接把手柄往上推，开关是合不上的。200～600A的万能式（亦称框架式）自动开关多采用电磁铁合闸操作方式。由于电磁铁线圈是按短时工作设计的，联锁电路应限制电磁铁通电时间不超过产品的规定的时间（约1s），且合闸过程中不应有跳跃现象。

特别要指出的是自动开关与电源间应串入刀开关，以便在检修时形成明显断开点，确保检修人员的安全。

选择自动开关除满足额定电压和计算电流外，还应校验其断流能力及短路电流动稳定度和热稳定度。

三、熔断器

熔断器的主要功能是作线路的短路保护，也可作为小容量恒定负载的过载保护。熔断器的熔体应按负荷性质和负荷大小选择，但熔体的额定电流不得大于熔管的额定电流。更换熔体时，应使用同一规格的熔丝，以免破坏上下级熔断器动作的选择性，上下级熔断器熔体额定电流之比为 1.5～2.4 时，可以保证有选择性的保护。安装熔断器不应碰伤熔体，不可使熔丝承受张力而被拉伸变细。否则，可能会在正常工作电流通过时熔断，造成不必要的停电。安装和维修时，应留心熔断器接触连接部分的接触是否良好，以防止电动机断相运行事故。更换熔体时，要切断电源，不可在带负荷的情况下拔出熔体，以防止电弧烧伤，特别是在负荷较大的电路，更应注意这一点。

四、交流接触器

交流接触器和磁力起动器多用于远距离控制电动机。选用时要注意线圈的额定电压是否与控制电源的电压相符。接触器的灭弧能力有限，它只能切断负荷电流，而不能切断短路电流，使用时电路中应另加熔断器作为短路保护。直流电路宜采用直流接触器，如用交流接触器代用，则应选用容量较大者（因直流电弧难熄灭）。由接触器和热继电器组成的磁力起动器是专门用来启动电动机的。热继电器起着过载保护作用，其热元件的额定电流可按电动机额定电流的 1.1～1.25 倍选择，其整定电流（即长期通过而不动作的最大电流）通常取等于电动机的额定电流。用于控制电动机正反转的控制电路应具有电气联锁或机械联锁功能，以防止电源线路相间短路。接触器铁心上的短路铜环是防止铁心吸合时的振动和噪声的，如发现开焊应及时修复，电磁铁铁心的表面应无锈班及油垢。

五、电动机起动电器和控制电器

丫–△ 起动器的正确接线是正常工作时，电动机定子绕组为△ 接法，起动操作时应接成 丫 形，在电动机转速接近运行转速时切换为△ 形接法。自耦减压起动器的油面不得低于标定的油面线，减压抽头应按负荷的要求进行调整，但起动时间不得超过起动器的最大允许起动时间，连续起动应留出时间间隔以待起动器充分冷却。绕线型电动机起动电阻器的电阻片应竖直放置；直接叠装的电阻器不宜超过三箱（超过三箱应用支架固定）；电阻器与其他电器垂直布置时，应安装在其他电器的上方，以利散热。频敏变阻器在调整抽头和气隙时，应使电动机起动特性符合机械装置的要求。制动电磁铁的衔铁吸合时，铁心的接触面应紧密地与固定部分接触，且不得有异常响声。凸轮控制器及主令控制器的操作手柄安装高度一般为 1～1.2m，手柄或手轮的动作方向应尽量与机械装置的动作方向一致。

六、低压电器安装的一般安全要求

（1）低压电器一般应垂直安放在不易受震动的地方。闸刀开关手柄向上应为合闸位置，以免因自重下落而发生误合闸事故。开关的分合位置应明显可辨或设有信号指示。集中在一处安装的按钮应有编号或不同的识别标志，"紧急"停车按钮应有鲜明的标记。

（2）电器的安装位置应考虑防潮、防震、采光、安全间距和操作维护的方便。室外安装的低压电器应有防止雨、雪、风沙侵入的措施。落地安装的电器，其底面一般应高出地面 50～100mm，开关操作手柄中心离地面一般为 1.2～1.5m，侧面操作的手柄距离建筑物或其他设备不宜小于 0.2m。按钮之间应留有 50～100mm 的距离。低压裸带电体与电动机之间的距离不得小于 1m，电动机与建筑物或其他设备之间，应留有不小于 1m 的维护通道。安装于墙上的低压配电箱的底边距地高度，明装取 1.2m，暗装 1.4m；明装电能表板底边距地高度应不小于 1.8m，照明配电箱底边距地高度取 1.5m（照明配电板则要求不小于 1.8m）。

（3）低压电器元件在配电盘、箱、柜内的布局应求安全和整齐美观，以便接线和检修。盘面各电器元件间的距离应符合规定。电器的外部接线应按电器的接线端头标志接线，一般情况下，电源侧的导线应接静触头，负荷侧的导线应接动触头。盘、柜内的二次回路配线应采用截面不小于 1.5mm² 的铜芯绝缘导线。电动机的出线盒、插座、开关等电器内的接线以及配电箱（盘、柜）内的配线不得有接头。

最后还要强调的是应充分重视电器的维修，及时排除设备缺陷，更换不合格或已损坏的电器元件，消除留在电器上的放电、烧灼痕迹和炭化层，以防隐患酿成事故。

【思考与练习】

1. 对低压用电设备安装有哪些要求？
2. 保护电器与开关电器使用时应该注意些什么？

模块 7 电气运行与检修安全技术（TYBZ03105007）

【模块描述】本模块介绍电气运行与检修的安全技术。通过要点讲解，掌握电气设备运行、送电运行与检修、变电与检修、配电检修等方面的安全技术。

【正文】

一、电气设备运行安全技术

（1）运行中要特别注意电气设备是否有温升过高或过烫、冒气、异常的响声及不应有的放电等不正常现象。若发现异常现象，应防止人员受到伤害，并及时停电检修。

（2）定期检查保护接地系统的安全可靠性，保障人员安全。

二、送电检修安全技术

（一）杆、塔基础施工的安全措施

（1）开挖沉管式（钢管）基坑时，管内要留有梯子以便上下。管口处应有专人监护管内人员，管内人员应戴安全帽。

（2）开挖石坑、冻土坑打眼爆破时，应先检查锤头、锤把安装是否牢固，钎头有无开花现象。打锤人应站在扶钎人侧面，禁止站在对面，并不准带手套，扶钎人应带安全帽。

（二）杆塔上作业

1. 杆、塔上作业应遵循的安全要求

（1）杆塔上作业，必须使用合格的安全带戴好安全帽，安全带应系在牢固的构件上，并防止安全带从杆顶脱出及被利物割断，同时检查安全带扣环是否扣牢；安全帽必须系好扣环，防止脱落；杆塔上作业位置转移时，不准失去安全带保护。

（2）杆塔上作业时，塔下应设专人不间断的监护，监护人带袖标，杆塔上作业人员工作位置转移时，应与监护人打招呼，取得监护人许可后方可进行。

（3）杆塔上作业人员防止掉东西，现场人员戴好安全帽，使用工具、材料应用绳索传递，不得乱扔，杆塔下方防止行人逗留。

2. 停电线路绝缘子的清扫与涂硅油的安全要求

（1）首先工作负责人接到工作许可后，进入工作现场全体工作人员列队宣读工作票，并结合现场具体情况提问停电线路名称、塔号、方向（颜色）等。

（2）工作班成员在认清停电线路名称、塔号、方向（颜色）后，在专人监护下逐相验电，确无电压挂好接地线后方可分组作业，并指定小组负责人（监护人）。

（3）每回线路至少验电一相（三回及以上同塔并架线路逐相验电），验电时人身与导线保持 0.7m 以上安全距离，并慢慢接近导线，确无电压后再作业。

三、送电运行安全技术

巡线一般规定：

（1）正常巡视。单人巡视时，禁止攀登杆塔，大风巡视时应沿着线路上风侧行走。一般为每条线路每月巡视一次。在偏僻山区和夜间巡视及暑天、大雪天必要时由两人一组进行。

（2）夜间巡视。巡视人员要随身携带照明、通信工具。

（3）特殊巡视。也称做故障巡视；事故巡视应始终认为线路带电。

四、变电运行安全技术

变电所巡视的安全基本要求：

（1）巡视检查：运行值班人员在巡视检查时不准从事与运行工作无关的其他工作。巡视中，禁止移开或越过遮栏而靠近高压设备。

（2）巡视检查遇有雷雨天气，需要进入室外高压设备场区时，应穿试验合格的绝缘靴，并且不准靠近避雷器和避雷针。

（3）巡视检查中，若发现高压设备有接地时，不准靠近接地点。

五、变电检修安全技术

（一）断路器（开关）大、小修

1. 对检修油断路器本体部分的一般要求

（1）检修 220kV 断路器时，应搭检修支架，要求横平竖直，各连接处要紧固结实，横跨跳板应固定在检修支架上，检修平台要有防止窜动措施，不能随意摆放。

（2）构架两侧应有检修人员上下的专用梯子，并固定绑好，上下构架时，应从梯子上下，不准随意攀登。

（3）在断路器检修过程中，待用的工器具要可靠的放置，以防不慎坠落造成设备及人身伤害。

（4）储能筒与支架分离及组装时要垂直起落，并做好防止损坏微动开关、活塞杆及碰伤人的安全措施。

2. SF_6 断路器检修的安全要求

（1）安装 SF_6 电气设备的配电装置室和 SF_6 气体实验室，必须装设强力通风装置，风口应设置在室内底部。工作人员进入 SF_6 配电装置室之前，必须先通风 15min，待用检漏仪器测量 SF_6 气体含量合格后方可进入。

（2）应尽量避免一人进入 SF_6 配电室进行巡视或进行检修工作。工作人员不准在 SF_6 设备防爆膜附近停留。

（3）检修人员需穿着防护服，且根据需要佩戴防毒面具。SF_6 电气设备封盖打开后，检修人员应暂离现场 30min。在取出吸附剂和清除粉尘时，检修人员应戴防毒面具和防护手套。检修结束后，检修人员应洗澡，使用过的工具、防护用具应清洗干净。

（4）在 SF_6 电气设备上进行气体采样和处理一般渗漏时，要戴防毒面具，进行通风。

（二）隔离开关大、小修

1. 合入隔离开关的安全要求

手动合入隔离开关时，操作应迅速、果断，合入终了无撞击现象。

2. 拉开隔离开关的安全要求

（1）手动拉开隔离开关的操作应缓慢小心进行。特别是在隔离开关触头刚分开时，更应该慎重。

（2）手动拉开隔离开关时，在操作人员与隔离开关之间无隔墙隔开的情况下，操作人员身体应避免正面对着隔离开关。

六、配电检修安全技术

（一）配电线路检修工作注意事项

（1）登杆塔之前应确保线路已停电并挂好接地线，并在监护人监护下才能登杆塔。

（2）在市区、交通路口、居民来往频繁的地区进行线路检修工作时，应设专人监护。除工作人员外，所有人员应远离电杆 1.2 倍杆高的距离。

（3）在砍伐树木和剪枝工作中，应用绳索或撑杆将树枝脱离导线和配电设备，不准砸碰导线和配电设备。

（二）配电电缆检修工作注意事项

（1）检查电缆时不准接触电缆铠装和移动电缆，以防感应触电。

（2）检修故障电缆时，电缆导体首先要接地放电，工作人员站在绝缘台上并手戴绝缘手套方可工作。

（3）切断电缆时，所用的锯应接地，工作工员站在绝缘台上手戴绝缘手套方可开始切割电缆。

（4）挖掘电缆时，当挖到电缆保护板处，需设专人监护指导，方可继续深挖。

（5）进入电缆井工作之前，应待井中浊气排除之后方可进入井中。在井内工作应带安全帽，并在电缆井口设专人看守，防止物体落入井中伤人。

（6）在将水底电缆提起放在船上时，应保持船身平稳，并应备救生圈。

【思考与练习】

1. 简述拉开隔离开关的安全要求。

2. 试述 SF_6 断路器检修的安全要求。

3. 简述杆、塔基础施工的安全措施。

国家电网公司
生产技能人员职业能力培训通用教材

第六章　电气设备倒闸操作票填写

模块 1　变电站倒闸操作票的填写（TYBZ03106001）

【模块描述】本模块介绍操作任务的填写要求、操作项目的填写要求、操作票备注栏的填写要求、变电站倒闸操作票其他栏目的填写要求、变电站倒闸操作票填写注意事项等内容。通过填写内容要点及要求讲解，掌握变电站倒闸操作票的填写的内容。

【正文】

一、操作任务的填写要求

（一）操作票中对操作任务的要求

操作任务应根据调度指令的内容和专用术语进行填写，操作任务要填写被操作电气设备变电站名称，变电站名称要写全称。操作任务应填写设备双重名称。每张操作票只能填写一个操作任务。一项连续操作任务不得拆分成若干单项任务而进行单项操作。

（二）操作任务的填写类别

有线路、断路器、变压器、母线、电压互感器（TV）、电容器、继电保护及自动装置、接地线、接地开关等操作任务的填写。

二、操作项目的填写要求

（一）应填入操作票的操作项目栏中的项目按标准及相应的要求填写

（二）下列各项工作可以不用操作票

下列情况，可以不填写操作票进行倒闸操作，但必须记录在操作记录簿内，由值班负责人明确指定监护人、操作人按照操作记录簿记录的内容进行操作：

（1）事故处理中遇到的操作通常有试送、强送、限电、拉闸限电和开放负荷等。

（2）拉开（合上）断路器、二次空气开关、二次回路开关的单一操作，包括根据调度命令进行的限电和限电后的送电，以及寻找线路接地故障的操作。

（3）拆除全站仅装有的一组使用的接地线。

（4）拉开全站仅有一组已合上的接地开关。

（5）投入或停用一套保护或自动装置的一块连接片。

（三）操作项目的填写类别

有断路器、隔离开关、变压器、电压互感器、母线、电容器、继电保护、自动装置、接地线（接地开关）等。

（四）操作项目的操作术语填写

（1）操作断路器、隔离开关、接地开关、中性点接地开关、跌落式熔断器、开关、刀开关用"拉开"、"合上"。断路器车用"拉出"、"拉至"、"推入"、"推至"。

（2）检查断路器、隔离开关、接地开关、中性点接地开关、跌落式熔断器、开关、刀开关原始状态位置，用"断路器、隔离开关、接地开关、中性点接地开关、跌落式熔断器、开关、刀开关确已拉开（合好）"。检查断路器车状态位置，用"确已推至××位置"、"确已拉至××位置"。三相操作的设备应检查"三相确已拉开、三相确已合好"，单相操作的设备应分相检查"确已拉开、确已合好"。

（3）验电用"确无电压"。

（4）装、拆接地线用"装设"、"拆除"。

（5）检查负荷分配用"指示正确"。

（6）装上、取下一、二次熔断器及断路器车二次插头用"装上"、"取下"。

（7）启、停保护装置及自动装置用"投入"、"停用"。

（8）切换二次回路开关用"切至"。

（9）操作设备名称：变压器、变压器有载调压开关、站用变压器、站用变压器车、电容器、电抗器、避雷器、组合电器（或 GIS）、断路器、断路器车、隔离开关、隔离开关车、电压互感器（或 TV）、TV 车、电流互感器（或 TA）、电容式电压互感器（或 CVT）、熔断器、母线、接地开关、接地线等。

三、操作票备注栏的填写要求

下列项目应填入操作票备注栏中：

1. 断路器的操作

（1）无防止误拉、误合断路器的措施。

（2）防止双电源线路误并列、误解列的提示等。

2. 隔离开关的操作

（1）隔离开关闭锁装置达不到防误闭锁功能的。

（2）电动隔离开关的操作。电动隔离开关操作前，先合上电动操作电源刀开关，电动隔离开关操作完毕后应立即拉开电动操作电源刀开关。

3. 验电及装设接地线

（1）室外电气设备装设接地线时要注意防止接地线误碰带电设备。

（2）断路器柜内装设接地线时要注意防止接地线误碰带电设备。

（3）防止误入带电间隔。

4．继电保护、自动装置及二次部分操作

（1）微机保护及微机自动装置。带微机保护的一次设备停电时，拉开一次设备的控制电源开关前，应先将微机保护或微机自动装置的电源开关断开；一次设备送电时操作程序相反。

（2）测量断路器跳闸连接片电压。一次电气设备在运行中，保护发生异常停电及检修后，重新投入跳闸连接片前要用高内阻电压表测量连接片输入端对地有无电压。

（3）凡在操作中有可能导致继电保护、自动装置误动作的行为都应在备注栏中注明。

四、变电站倒闸操作票其他栏目的填写要求

1．操作票的编号

由供电公司统一编号，使用单位应按编号顺序依次使用，对于变电站倒闸操作票的编号不能随意改动。

2．发令与受令

（1）调度值班员向运行值班负责人发布正式的操作指令后，由运行值班负责人将发令人和受令人的姓名填入变电站倒闸操作票"发令人栏"和"受令人栏"中。

（2）由运行值班负责人将发令人发布正式操作指令的时间填入"发令时间栏"内。

3．操作时间的填写

（1）操作开始时间：执行倒闸操作项目第一项的时间。

（2）操作结束时间：完成倒闸操作项目最后一项的时间。

4．倒闸操作的分类

（1）监护下操作栏：对于由两人进行同一项的操作，在此栏内打"√"。监护操作时，其中一人对设备较为熟悉者作监护。

（2）单人操作栏：由一人完成的操作，在此栏内打"√"。

（3）检修人员操作栏：由检修人员完成的操作，在此栏内打"√"。

5．操作票签名

（1）操作人和监护人经模拟操作确认操作票无误后，由操作人、监护人分别在操作票上签名。

（2）操作人、监护人分别签名后交运行值班负责人审查，无误后由运行值班负责人在操作票上签名。

6．操作票操作项目打"√"

（1）监护人在操作人完成此项操作并确认无误后，在该项操作项目前打"√"。

（2）对于检查项目，监护人唱票后，操作人应认真检查，确认无误后再高声复诵，监护人同时应进行检查，确认无误并听到操作人复诵后，在该项目前打"√"。

7．操作票终止号

（1）按照倒闸操作顺序依次填写完倒闸操作票后，在最后一项操作内容的下一空格中间位置记上终止号。

（2）如果最后一项操作内容下面没有空格，终止号可记在最后一项操作内容的末尾处。

8. 操作票盖章

（1）操作票项目全部结束，由操作人在已执行操作票的终止号上盖"已执行"章。

（2）合格的操作票全部未执行，由操作人在操作任务栏中盖"未执行"章，并在备注栏中注明原因。

（3）若监护人、操作人操作中途发现问题，应及时告知运行值班负责人，运行值班负责人汇报值班调度员后停止操作。该操作票不得继续使用，并在已操作完项目的最后一项盖"已执行"章，在备注栏注明"本操作票有错误，自××项起不执行"。

（4）填写错误以及审核发现有错误的操作票时，由操作人在操作任务栏中盖"作废"章。

五、变电站倒闸操作票填写注意事项

填写前操作人应根据调度命令明确操作任务，了解现场工作内容和要求，并充分考虑此项操作对其管辖范围内的设备的运行方式、继电保护、自动装置、通信及调度自动化的影响是否满足相关要求。倒闸操作票填写要字迹整洁、清楚，不得任意涂改。

【思考与练习】

1. 简述操作票中对操作任务的要求。

2. 试述操作票盖章的要求。

3. 简述变电站倒闸操作票填写注意事项。

模块 2 电力线路倒闸操作票的填写（TYBZ03106002）

【模块描述】本模块介绍操作任务的填写要求、操作项目的填写要求、操作票备注栏的填写要求、电力线路倒闸操作票填写注意事项等内容。通过填写内容要点及要求讲解，掌握电力线路倒闸操作票填写的内容。

【正文】

一、操作任务的填写要求

（一）电力线路倒闸操作票中对操作任务的要求

操作任务应根据电力线路倒闸操作命令发布人发布的操作命令内容和专用术语进行填写。

（二）操作任务中设备的状态

有运行状态、热备用状态、冷备用状态和检修状态。

（三）操作任务的填写类别

有电力线路、电力线路断路器、电力线路隔离开关、开关站、配电变压器、接地线等操作任务的填写。

二、操作项目的填写要求

（一）应填入操作票的操作项目栏中的项目

（1）应拉开、合上的配电网中断路器、隔离开关、跌落式熔断器、配电变压器室二次侧开关、刀开关。

（2）检修后的设备送电前，检查与该设备有关的断路器、隔离开关、跌落式熔断器确在拉开位置。

（3）装设接地线前，应在停电设备上进行验电。装、拆接地线均应注明接地线的确切地点和编号。

（二）可以不填写操作票的项目

事故处理应根据调度值班员的命令进行操作，可不填写操作票，但事后必须及时做好记录。

（三）操作项目的填写类别

有电力线路断路器、电力线路隔离开关、跌落式熔断器、开关站、接地线等的填写。

（四）操作项目的操作术语填写

（1）操作断路器、隔离开关、跌落式熔断器、开关、刀开关用"拉开"、"合上"。

（2）检查断路器、隔离开关、跌落式熔断器、开关、刀开关原始状态位置，用"断路器、隔离开关、跌落式熔断器、开关、刀开关确已拉开（确已合好）"。三相操作的设备应检查"三相确已拉开、三相确已合好"，单相操作的设备应分相检查"×相确已拉开、×相确已合好"。

（3）验电用"确无电压"。

（4）装、拆接地线用"装设"、"拆除"。

（5）检查负荷分配用"指示正确"。

（6）装上、取下一、二次熔断器用"装上"、"取下"。

（7）启、停保护装置及自动装置用"投入"、"停用"。

（8）切换二次回路开关用"切至"。

（9）操作设备名称：配电变压器、配电线路、杆（杆塔）、电容器、避雷器、断路器、隔离开关、电压互感器（或 TV）、电流互感器（或 TA）、跌落式熔断器、母线、接地开关、接地线等。

三、备注栏的填写要求

（一）断路器的操作

（1）防止电源线路误并列、误解列的提示。

（2）配电网环网断路器的拉开（合上）操作，必须经过调度指令方可执行。

模块 3

TYBZ03106003

（二）隔离开关的操作

（1）配电线路支线隔离开关操作前必须检查支线所带全部配电变压器一次侧跌落式熔断器全部断开，在配电线路支线上没有负荷，且配电变压器与配电线路支线有明显断开点，方可拉开（合上）支线隔离开关。

（2）隔离开关操作完毕后，必须将隔离开关的闭锁锁住等。

（三）跌落式熔断器的操作

对下列内容如果有必要强调时应在备注栏内注明：

（1）分相拉开跌落式熔断器时，要先拉开中相跌落式熔断器，再拉开边相跌落式熔断器。

（2）分相合上跌落式熔断器时，要先合上边相跌落式熔断器，再合上中相跌落式熔断器。

（四）验电

（1）验电确无电压必须对电力线路三相逐一验电确无电压。

（2）当验明电力线路确无电压后，对检修的电力线路接地并三相短路等。

（五）接地线

（1）装设接地线必须先接接地端，后接导体端，且必须接触良好，严禁用缠绕方式接地。

（2）装设接地线时，工作人员应使用绝缘棒或戴绝缘手套，人体不得碰触接地体。

（3）操作人在装设接地线时，监护人严禁帮助操作人拉、拽接地线，以免失去监护操作。

在电力线路倒闸操作中出现问题、因故中断操作以及填好的操作票没有执行等情况都应在备注栏中注明。

四、电力线路倒闸操作票其他栏目的填写要求

（一）操作票的编号

电力线路倒闸操作票的编号由各单位统一编号，使用时应按编号顺序依次使用，对于电力线路倒闸操作票的编号不能随意改动。

（二）操作票的单位

电力线路倒闸操作票的××单位应填入操作人、监护人所在的单位，单位名称要写全称。

（三）发令与受令

（1）配电网调度值班员向配电运行人员发布正式的操作指令，由配电运行人员将发令人和受令人的姓名填入电力线路倒闸操作票"发令人"栏和"受令人"栏中。

（2）由配电运行人员将发令人发布正式操作指令的时间填入"发令时间"栏内。

（四）操作时间的填写

操作开始时间：执行电力线路倒闸操作项目第一项的时间。操作结束时间：完成电力线路倒闸操作项目最后一项的时间。

（五）操作票签名

电力线路倒闸操作前，操作人和监护人应对电力线路倒闸操作票进行认真审核，并确认操作票无误后，由操作人、监护人分别在操作票上签名。

（六）操作票打"√"

监护人在操作人完成此项操作并确认无误后，在该项操作项目前打"√"。

（七）操作票的终止号

电力线路倒闸操作票按照倒闸操作顺序依次填写完毕后，在最后一项操作内容的下一空格中间位置记上终止号。

（八）操作票盖章

（1）电力线路倒闸操作票项目全部结束，操作人在已执行电力线路倒闸操作票的终止号上盖"已执行"章。

（2）合格的操作票全部未执行，在操作任务栏中盖"未执行"章，并在电力线路倒闸操作票备注栏中注明原因。

（3）若监护人、操作人操作中途发现问题，应及时向配电网调度值班员和配电工区值班员报告，绝对不允许擅自更改操作票，该操作票不得继续使用，并在已操作完项目的最后一项盖"已执行"章，在电力线路倒闸操作票备注栏注明"本操作票有错误，自××项起不执行"。对多张操作票，应从第二张操作票起每张操作票的操作任务栏中盖上"作废"章，然后重新填写操作票再继续操作。

五、电力线路倒闸操作票填写注意事项

电力线路倒闸操作票由操作人填写，监护人审核。填写前操作人应根据调度下达的操作指令明确操作任务，了解现场工作内容和要求。操作项目不准并项填写，不准添项、倒项、漏项。

【思考与练习】

1. 简述操作票中对操作任务的要求。

2. 试述操作票盖章的要求。

3. 简述电力线路倒闸操作票填写注意事项。

模块 3　低压操作票的填写 （TYBZ03106003）

【模块描述】本模块介绍低压操作任务、低压电气操作项目、低压电气操作票备注栏、低压操作票其他栏目的填写要求及低压操作票填写注意事项等内容。通过填写内容要点及要求讲解，掌握低压操作票填写的内容。

【正文】

一、低压操作任务的填写要求

（一）低压操作票中对操作任务的要求

操作任务应根据供电所值班负责人的操作命令的内容和专用术语进行填写，做到能从操作任务中看出操作对象、操作范围及操作要求，操作任务应填写设备双重名称。

（二）低压电气操作任务中设备的状态

有运行状态、热备用状态、冷备用状态和检修状态。

（三）低压电气操作任务的填写

有低压配电箱设备、配电变压器室低压设备及线路、配电变压器室电容器组、接地线等操作任务的填写。

二、低压电气操作项目的填写要求

（一）应填入低压电气操作票的操作项目栏中的内容

（1）应断开、合上的刀开关、开关等。

（2）检查刀开关、开关等的位置。

（3）检修后的低压设备送电前，检查送电范围内确无接地短路。

（4）装设、拆除接地线均应注明接地线的确切地点和编号。

（5）拆除接地线后，检查接地线确已拆除。

（6）装设接地线前，应在停电低压设备上进行验电。

（7）对有关设备的状态进行核对性检查。

（8）装上、取下低压熔断器。

（二）低压电气操作项目的填写类别

有开关、刀开关、低压电容器组、熔断器、接地线等。

（三）低压电气操作项目的操作术语填写

（1）操作开关、刀开关用"断开"、"合上"。

（2）检查开关、刀开关原始状态位置，用开关、刀开关确已断开（合好）。

（3）验电用"确无电压"。

（4）装、拆接地线用"装设"、"拆除"。

（5）检查负荷分配用"指示正确"。

（6）装上、取下低压熔断器用"装上"、"取下"。

（7）切换二次回路电压开关用"切至"。

（8）设备术语：配电变压器、电容器组、避雷器、熔断器、母线、接地线、开关、刀开关、指示灯、配电箱、电能表箱、配电室、配电盘、剩余电流保护、××线××杆、电流表、电压表、电能表、绝缘子、主干线、分支线、进户线等。

三、低压电气操作票备注栏的填写要求

（1）严禁以投入熔件的方法对线路进行送电操作。

（2）严禁以切除熔件的方法对线路进行停电操作。

（3）在低压电气操作中应根据现场实际情况提出需要注意的安全措施并在备注栏中注明。

四、低压操作票其他栏目的填写要求

（一）操作票的编号

低压操作票的编号由各单位统一编号，使用时应按编号顺序依次使用，对于低压操作票的编号不能随意改动。

（二）操作票的单位

低压操作票的××单位应填入操作人、监护人所在的单位，单位名称要写全称。

（三）操作时间的填写

（1）操作开始时间：执行低压电气操作项目第一项的时间。

（2）操作结束时间：完成低压电气操作项目最后一项的时间。

（四）低压操作票签名

操作人和监护人经模拟操作确认操作票无误后，由操作人、监护人分别在低压操作票上签名，操作人、监护人应对本次低压电气操作的正确性负全部责任。

（五）低压操作票"√"

监护人在操作人完成此项操作并确认无误后，在该项操作项目前打"√"。对于检查项目，监护人唱票后，操作人应认真检查，确认无误后再高声复诵，监护人同时也应进行检查，确认无误并听到操作人复诵后，在该项目前打"√"。

（六）低压操作票终止号

低压操作票按照低压电气操作顺序依次填写完毕后，在最后一项操作内容的下一空格中间位置记上终止号。

（七）低压操作票盖章

（1）低压操作票项目全部结束，操作票执行完毕后，操作人应在已执行低压操作票的终止号上盖"已执行"章。

（2）合格的低压操作票全部未执行，操作人在操作任务栏中盖"未执行"章，并在备注栏中注明原因。

（3）若监护人、操作人操作中途发现问题，应及时汇报低压操作命令发令人并停止操作。该操作票不得继续使用，并在已操作完项目的最后一项盖"已执行"章，在备注栏注明"本操作票有错误，自××项起不执行"。对多张操作票，应从第二张操作票起每张操作票的操作任务栏中盖上"作废"章，然后重新填写操作票再继续操作。

（4）错误的低压操作票，在操作任务栏中盖"作废"章。

五、低压操作票填写注意事项

低压操作票由操作人填写，监护人审核。填写前操作人应根据操作命令明确操

作任务，了解现场工作内容和要求，并充分考虑此项操作对其设备运行方式的影响是否满足相关要求。低压操作票填写的设备术语必须与现场实际相符。低压操作票填写要字迹工整、清楚，不得任意涂改。

【思考与练习】

1. 简述低压操作票中对操作任务的要求。
2. 试述低压操作票盖章的要求。
3. 简述低压操作票填写注意事项。

模块 4 电气设备倒闸操作票的填写实例
（TYBZ03106004）

【模块描述】本模块介绍 10kV 电力线路和 10kV 配电变压器倒闸操作票的填写。通过案例分析，掌握电气设备倒闸操作票填写的内容及要求。

【正文】

一、××地区供电系统一次接线图（见图 TYBZ03106004–1）

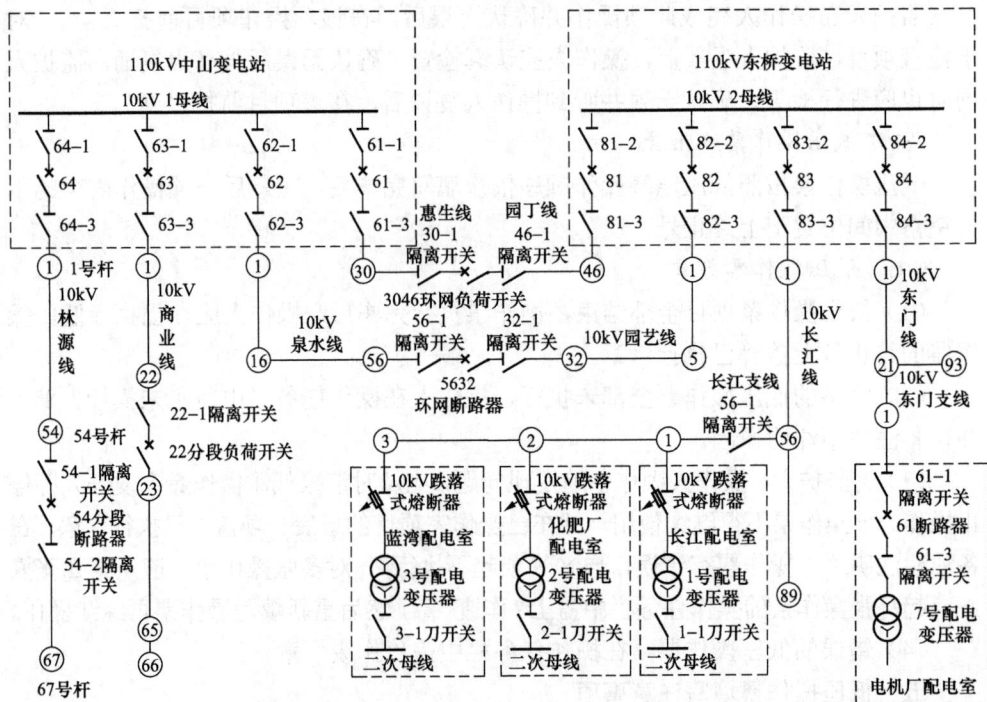

图 TYBZ03106004–1　××地区供电系统一次接线图

二、正常运行方式

110kV 中山变电站 10kV 1 母线带 10kV 林源线、10kV 商业线、10kV 泉水线、10kV 惠生线负荷，中山变电站内 10kV 林源线 64 断路器、64-1 隔离开关、64-3 隔离开关均在合闸位置。10kV 林源线路 54 分段断路器、54-1 隔离开关、54-2 隔离开关均在合闸位置。中山变电站内 10kV 商业线 63 断路器、63-1 隔离开关、63-3 隔离开关均在合闸位置。10kV 商业线路 22 分段负荷开关、22-1 隔离开关均在合闸位置。中山变电站内 10kV 泉水线 62 断路器、62-1 隔离开关、62-3 隔离开关均在合闸位置。10kV 泉水线 5632 环网断路器在分闸位置，10kV 泉水线 56-1 隔离开关在合闸位置。中山变电站内 10kV 惠生线 61 断路器、61-1 隔离开关、61-3 隔离开关均在合闸位置。10kV 惠生线 3046 环网负荷开关在分闸位置，10kV 惠生线 30-1 隔离开关在合闸位置。110kV 东桥变电站 10kV 2 母线带 10kV 园丁线、10kV 园艺线、10kV 长江线、10kV 东门线负荷。东桥变电站内 10kV 东门线 84 断路器、84-2 隔离开关、84-3 隔离开关均在合闸位置。10kV 东门支线电机厂配电室 61 断路器、61-1 隔离开关、61-3 隔离开关均在合闸位置。东桥变电站内 10kV 长江线 83 断路器、83-2 隔离开关、83-3 隔离开关均在合闸位置。10kV 长江支线 56-1 隔离开关在合闸位置。10kV 长江支线长江配电室 10kV 跌落式熔断器、化肥厂配电室 10kV 跌落式熔断器、蓝湾配电室 10kV 跌落式熔断器均在合闸位置。东桥变电站内 10kV 园艺线 82 断路器、82-2 隔离开关、82-3 隔离开关均在合闸位置。10kV 园艺线路 5632 环网断路器在分闸位置，10kV 园艺线 32-1 隔离开关在合闸位置。东桥变电站内 10kV 园丁线 81 断路器、81-2 隔离开关、81-3 隔离开关均在合闸位置。10kV 园丁线 3046 环网负荷开关在分闸位置，10kV 园丁线 46-1 隔离开关在合闸位置。

三、10kV 林源线 54 分段断路器由冷备用转为检修倒闸操作票实例

变电站（发电厂）倒闸操作票

单位＿＿＿＿＿＿＿＿＿＿　　编号＿＿＿＿＿＿

发令人		受令人		发令时间		年 月 日 时
操作开始时间：　　　年 月 日 时				操作结束时间：　　　年 月 日 时		
（　）监护下操作　　（　）单人操作　　（　）检修人员操作						

操作任务：

10kV 林源线 54 分段断路器由冷备用转为检修

顺　　序	操 作 项 目	√
1	检查 10kV 林源线 54 号杆 54 分段断路器位置正确	√
2	在 10kV 林源线 54 分段断路器与 54-1 隔离开关间验电确无电压；在 10kV 林源线 54 分段断路器与 54-1 隔离开关间装设 6 号接地线	√
3	在 10kV 林源线 54 分段断路器与 54-2 隔离开关间验电确无电压	√

续表

顺 序	操 作 项 目	√
4	检查 10kV 林源线 54–2B 相隔离开关确已拉开	√
5	终止号	

备注：

操作人：张×× 　　　　　监护人：周×× 　　　　　值班负责人（值长）：吴××

四、10kV 长江支线长江配电变压器室 1 号配电变压器由检修转为运行倒闸操作票实例

变电站（发电厂）倒闸操作票

单位＿＿＿＿＿＿＿＿＿＿＿＿＿＿＿＿　　　　编号＿＿＿＿＿＿＿＿＿

发令人		受令人		发令时间		年 月 日 时
操作开始时间： 年 月 日 时				操作结束时间： 年 月 日 时		
（　）监护下操作　　　（　）单人操作　　　（　）检修人员操作						

操作任务：

10kV 长江支线长江配电变压器室 1 号配电变压器由检修转为运行

顺 序	操 作 项 目	√
1	检查 10kV 长江支线长江配电变压器室 1 号配电变压器位置正确	√
2	拆除 1 号配电变压器 10kV 跌落式熔断器与 1 号配电变压器间 1 号接地线	√
3	检查 1 号配电变压器 10kV 跌落式熔断器与 1 号配电变压器间 1 号接地线确已拆除	√
4	检查 1 号配电变压器 10kV 跌落式熔断器与 1 号配电变压器间确无接地短路	√
5	检查 1 号配电变压器 1–1 刀开关确已拉开	√
6	合上 1 号配电变压器 10kV C 相跌落式熔断器	√
7	检查 1 号配电变压器 10kV C 相跌落式熔断器确已合好	√
8	合上 1 号配电变压器 10kV A 相跌落式熔断器	√
9	检查 1 号配电变压器 10kV A 相跌落式熔断器确已合好	√
10	合上 1 号配电变压器 10kV B 相跌落式熔断器	√
11	检查 1 号配电变压器 10kV B 相跌落式熔断器确已合好	√
12	终止号	

备注：

操作人：张×× 　　　　　监护人：周×× 　　　　　值班负责人（值长）：吴××

模块 4　TYBZ03106004

【思考与练习】

1. 如图 TYBZ03106004-1 所示,为××地区供电系统一次接线图,试写出 10kV 林源线 54 分段断路器由冷备用转为检修倒闸操作票。

2. 如图 TYBZ03106004-1 所示,为××地区供电系统一次接线图,试写出 10kV 长江支线长江配电变压器室 1 号配电变压器由检修转为运行倒闸操作票。

模块 4

TYBZ03106004

第七章　电气倒闸操作票使用及管理规定

模块 1　变电站倒闸操作票的使用（TYBZ03107001）

【模块描述】本模块介绍变电站倒闸操作票的使用范围、执行步骤、对操作设备的要求、对电气设备防误闭锁装置的要求等内容。通过概念解释、步骤及要点讲解，掌握变电站倒闸操作票使用的内容及要求。

【正文】

一、变电站倒闸操作票的使用范围

1. 应填入变电站倒闸操作票中的工作内容

拉开、合上的断路器、隔离开关、跌落式熔断器、接地开关、中性点接地开关等。拉开、合上断路器、隔离开关、跌落式熔断器、接地开关、中性点接地开关后检查设备的位置。拉开、合上的空气开关。装设接地线前，在停电设备上检验是否确无电压。装设、拆除接地线及编号。切换保护二次回路，投入或停用自动装置等。

2. 可不填入变电站倒闸操作票中的工作内容

（1）事故处理；

（2）拉开、合上断路器的单一操作。

二、变电站倒闸操作票的执行步骤

1. 发布及接受操作指令票

调度值班员发布操作指令票时，应使用规定的操作术语和设备双重名称，同时应说明操作目的和注意事项。值班负责人接受操作指令票时，应明确操作任务、范围、时间、安全措施及被操作设备的状态，值班负责人应将接受的操作指令票记入值班记录簿中，并向发布人复诵。

2. 操作票的填写

操作人应根据值班负责人交代的操作任务和值班记录簿中的记录，明确操作任务的具体内容及执行本次操作的目的，操作设备的对象，操作范围及操作要求，核对模拟系统图板或接线图，核对变电站典型操作票，逐项填写操作票或微机打印操作票。

3. 操作票的审核

操作人填写完毕操作票应进行审查，无误后送交监护人。监护人根据操作人填写的操作票与模拟系统图板或接线图进行对照审核，认为填写有错误应及时退交操作人，操作人在操作票操作任务上盖"作废"章。

4. 模拟操作

监护人和操作人在进行实际倒闸操作前应进行模拟操作，监护人和操作人在符合现场一次设备和实际运行方式的模拟图板上由监护人根据操作票中所列的操作项目，逐项发布操作口令，操作人听到口令后复诵，再由监护人下达执行令，操作人听到执行令后更改模拟系统图板，通过模拟操作再次对操作票的正确性进行核对。

5. 操作票的签名

如果操作人和监护人经模拟操作确认操作票无误后，由操作人、监护人分别签名。操作人、监护人分别签名后交值班负责人审查并签名。

6. 发布及接受操作指令

发布指令的全过程和听取指令的报告时双方都要录音并作好记录。在接受操作指令时，受令人应清楚操作任务及注意事项。接令后，受令人应按记录的全部内容全文复诵操作指令，并得到调度值班员"对、执行"的指令后执行。运行值班负责人根据操作指令向操作人、监护人发布正式操作命令，操作人、监护人在了解操作目的和操作顺序，且对指令无疑问后，运行值班负责人将操作票发给操作人和监护人，同时命令操作人和监护人开始操作。

7. 实际倒闸操作

监护人按照操作票的顺序逐项高声唱票，操作人高声复诵。监护人在操作人完成操作并确认无误后，在该操作项目前打"√"。

8. 操作结束

完成全部操作项目后，操作人在已执行操作票的终止号上盖"已执行"章。

三、变电站倒闸操作票中对操作设备的要求

1. 对电力线路的操作要求

电力线路停电的操作顺序是先拉开断路器，检查断路器确已拉开，再拉开负荷侧隔离开关，最后拉开电源侧隔离开关。电力线路送电的操作顺序是检查断路器确已拉开，先合上电源侧隔离开关，再合上负荷侧隔离开关，最后合上断路器。

2. 对变压器的操作要求

变压器停电顺序，先拉开低压侧断路器，再拉开中压侧断路器，最后拉开高压

TYBZ03107001

模块 1

侧断路器。检查变压器各侧断路器确已拉开后，再按照低、中、高的顺序拉开各侧隔离开关。变压器送电顺序，检查断路器断开后，按照高、中、低的顺序合上各侧隔离开关。

3. 对断路器的操作要求

对于 SF_6 断路器，在室内进行倒闸操作前，要将室内排气装置开启进行通风 15min，并用检漏仪测量 SF_6 含量不超标后，方可进行操作。

4. 对隔离开关的操作要求

（1）装有防误闭锁装置的隔离开关，应确保防误闭锁装置完好。

（2）电压互感器停电操作时，先拉开电压互感器二次空气开关、取下电压互感器二次熔断器，再拉开电压互感器一次隔离开关。

5. 对母线的操作要求

（1）对于双母线接线方式，当两组母线并列运行时，在将一组母线的运行设备全部调至另一组母线前，应检查两条母线的联络断路器在合闸位置，应取下母联断路器的控制熔断器后再操作母线隔离开关。

（2）对于双母线接线方式，当一组母线停电时，应采取措施防止经另一组带电母线电压互感器二次侧向停电的母线反送电。

四、变电站倒闸操作票中对电气设备防误闭锁装置的要求

1. 对微机防误闭锁装置的要求

断路器充电保护合闸回路中应加装微机锁头。

2. 对电气防误闭锁装置的要求

防误闭锁装置所用的直流电源应与继电保护二次回路、控制回路、信号回路的电源分开，使用的交流电源应是不间断供电系统。

3. 对机械防误闭锁装置的要求

对于成套高压断路器柜，断路器、隔离开关、接地开关、柜门间应具有机械闭锁或电气闭锁的功能。

【思考与练习】

1. 试述变电站倒闸操作票中对电力线路的操作要求。

2. 试述变电站倒闸操作票中对变压器的操作要求。

3. 试述变电站倒闸操作票中对电气设备防误闭锁装置的要求。

模块 2 电力线路倒闸操作票的使用 （TYBZ03107002）

【模块描述】本模块介绍电力线路倒闸操作票的使用范围、执行步骤、对操作设备的要求等内容。通过概念解释、步骤及要点讲解，掌握电力线路倒闸操作票使用的内容及要求。

【正文】

一、电力线路倒闸操作票的使用范围

1. 应使用电力线路倒闸操作票进行的操作

（1）配电网改变运行方式或线路工作需要配电网、开关站进行的倒闸操作，由管理配电网、开关站的运行单位根据调度值班员的命令，使用电力线路倒闸操作票进行操作。

（2）对配电网中装设的联络断路器、分段断路器、分支线断路器、隔离开关以及跌落式熔断器的倒闸操作，属于配电网调度管辖的联络线、环网断路器、隔离开关、跌落式熔断器的操作应由配电网调度值班员下令，配电运行班使用电力线路倒闸操作票进行操作。

2. 可不填写操作票进行的操作

事故处理应根据调度值班员的命令进行操作，可不填写操作票，但事后应及时做好记录。

二、电力线路倒闸操作票的执行步骤

1. 发布及接受操作指令票

（1）电力线路倒闸操作命令应由经过供电公司批准的配电网调度值班员发布。

（2）配电网调度值班员应提前 1h 将电力线路倒闸操作指令票通知配电运行人员，配电网调度值班员发布操作指令票时，应使用规定的操作术语和设备双重名称，同时应说明操作目的和注意事项。配电运行人员接受操作指令票时，应明确操作任务、范围、时间、安全措施及被操作设备的状态，配电运行人员应将接受的操作指令票记入值班记录簿中，并向发令人复诵一遍，得到其同意后生效。

2. 填写电力线路倒闸操作票

操作人根据配电运行人员交代的操作任务和值班记录簿中的操作记录，明确操作任务的具体内容及执行本次操作的目的，操作设备的对象，核对配电线路接线图，逐项填写电力线路倒闸操作票或使用计算机打印电力线路倒闸操作票。

3. 电力线路倒闸操作票审核

操作人填写电力线路倒闸操作票后应进行审查，无误后送交监护人进行审核，审核无误后交配电运行人员审核。配电运行人员应根据操作人填写的电力线路倒闸操作票与接线图进行对照审核，认为填写有错误时应及时退交操作人，由操作人在操作票操作任务栏上盖"作废"章。

4. 电力线路倒闸操作票签名

操作人和监护人对电力线路倒闸操作票进行审核、检查无误后，由操作人、监护人分别在电力线路倒闸操作票上签名。

5. 发布及接受操作指令

（1）由配电网调度值班员向配电运行人员发布正式的操作指令。发布指令应正确、清楚地使用正规操作术语和设备双重名称。

（2）发布指令和接受指令的全过程要做好记录。作为受令人的配电运行人员应全文复诵操作指令，并得到配电网调度值班员"对、执行"的指令后执行，配电运行人员将发令人姓名填入电力线路倒闸操作票的"发令人"栏，配电运行人员根据接受的操作指令向操作人和监护人发布正式操作指令，配电运行人员在操作票"发令时间"栏内填上发令时间后发出电力线路倒闸操作票，命令操作人和监护人开始操作。

6. 实际倒闸操作

（1）监护人确认操作人复诵无误后，发出"对、执行"的操作口令，操作人实施操作。监护人在操作人完成操作并确认无误后，在该操作项目前打"√"。

（2）对于检查项目，监护人唱票后，操作人应认真检查，确认无误后再高声复诵，监护人同时也应进行检查，确认无误并听到操作人复诵后，在该项目前打"√"。

（3）若监护人、操作人检查复核时发现有问题和错误，应及时向配电网调度值班员和配电运行人员报告，并停止操作，该操作票不得继续使用，操作人在已操作完项目的最后一项盖"已执行"章，在备注栏注明"本操作票有错误，自××项起不执行"。

7. 电力线路倒闸操作结束

完成全部操作项目后，若监护人、操作人检查复核没有发现问题，由监护人在电力线路倒闸操作票上填写操作结束时间，并向配电运行人员汇报实际操作完毕。配电运行人员将操作完毕情况向配电网调度值班员汇报，并填写值班记录簿，操作人在已执行操作票的终止号上盖"已执行"章。

三、电力线路倒闸操作票中对操作设备的要求

1. 对线路的操作要求

线路停电操作顺序，应先拉开线路断路器，检查线路断路器确已拉开，再拉开负荷侧隔离开关，最后拉开电源侧隔离开关。线路送电操作顺序，应检查线路断路器确已拉开，先合上电源侧隔离开关，再合上负荷侧隔离开关，最后合上线路断路器。

2. 对配电变压器的操作要求

配电变压器停电顺序，应先拉开配电变压器二次侧低压自动断路器，检查配电变压器二次侧低压自动断路器确已拉开后再拉开配电变压器一次侧跌落式熔断器。配电变压器送电顺序，应检查配电变压器二次侧低压自动断路器确已拉开后，合上配电变压器一次侧跌落式熔断器。检查配电变压器一次侧跌落式熔断器确已合好后，再合上配电变压器二次侧低压自动断路器。

3. 对线路断路器的操作要求

线路断路器允许合上、拉开额定电流以内的负荷电流。线路断路器允许切断额定遮断容量以内的故障电流。

【思考与练习】

1. 试述电力线路倒闸操作票中对线路断路器的操作要求。

2. 试述电力线路倒闸操作票中对配电变压器的操作要求。

3. 试述电力线路倒闸操作票中对线路的操作要求。

模块 3 低压操作票的使用（TYBZ03107003）

【模块描述】 本模块介绍低压操作票的使用范围、低压操作票的执行步骤、低压操作票中对操作设备的要求等内容。通过概念解释、步骤及要点讲解，掌握低压操作票使用的内容及要求。

【正文】

一、低压操作票的使用范围

1. 停、送总电源的操作

（1）低压线路及设备的停、送总电源的操作。

（2）低压母线的停、送总电源的操作。

（3）低压电容器组的停、送总电源的操作。

2. 装设、拆除接地线的操作

（1）停电、验电、装设接地线。

（2）拆除接地线后应检查送电范围内确无接地短路，方可进行送电操作。

3. 事故处理

低压电气设备的事故处理应根据运行单位值班负责人的命令进行操作，可不填写低压操作票，但事后应及时做好记录。如发生危及人身安全情况时，可不待命令即行拉开电源开关，但事后应立即报告运行单位值班负责人。

二、低压操作票的执行步骤

1. 发布及接受操作预告

（1）低压电气操作预告和命令应由经过供电公司批准的有权发布低压操作命令的运行单位值班负责人发布，由经过供电公司批准的有权接受低压操作命令的运行班组值班负责人接受。

（2）运行单位值班负责人应提前 1h 将低压电气操作预告通知运行班组值班负责人，运行单位值班负责人发布操作指令票时，应使用规定的操作术语和设备双重名称，同时应说明操作目的和注意事项。运行班组值班负责人接受操作指令票时，应明确操作任务、范围、时间、安全措施及被操作设备的状态，运行班组值班负责人应将接受的操作指令票记入值班记录簿中，并向运行单位值班负责人复诵一遍，得到其同意后生效。

2. 交代操作任务

运行班组值班负责人根据操作预告，向操作人、监护人交代操作任务，由操作人按照运行班组值班负责人交代的操作指令票，依据工作任务、现场设备运行情况，确定操作方案，由操作人准备填写低压操作票。

3. 填写低压操作票

操作人根据运行班组值班负责人交代的操作任务和值班记录簿，明确操作任务的具体内容及执行本次操作的目的，操作设备的对象，核对低压配电接线图，逐项填写低压操作票或用计算机打印低压操作票。

4. 低压操作票审核

操作人填写完毕低压操作票后应进行审查，无误后送交监护人。监护人根据操作人填写的低压操作票与低压配电接线图进行对照审核，认为填写有错误应及时退交操作人，操作人在操作票操作任务栏上盖"作废"章，操作人根据监护人要求重新填写低压操作票。

5. 低压操作票签名

操作人和监护人对低压操作票审核、检查无误后，由操作人、监护人分别在低压操作票上签名。

6. 低压操作前准备

由运行班组值班负责人检查操作人、监护人着装是否整齐、符合要求，准备的安全用具是否合格齐全等。

7. 发布及接受操作命令

由运行单位值班负责人向运行班组值班负责人发布正式的操作命令。发布命令应正确、清楚地使用正规操作术语和设备双重名称。运行班组值班负责人应全文复诵操作命令，并得到运行单位值班负责人 "对、执行"的命令后，运行班组值班负责人方可向操作人和监护人发出开始操作的命令。

8. 实际操作

操作人应按照唱票内容手指此项操作应动部位高声复诵，监护人确认操作人复诵无误后，发出"对、执行"的操作口令，操作人实施操作。监护人在操作人完成操作并确认无误后，在该操作项目前打"√"。

9. 低压操作结束

完成全部操作项目后，操作人、监护人向运行班组值班负责人汇报实际操作完毕，由运行班组值班负责人在值班记录簿上做好记录，并向运行单位值班负责人汇报实际操作完毕，运行单位值班负责人应将操作内容及操作完毕时间做好记录。此时操作人在已执行的低压操作票的终止号上盖"已执行"章，已执行的低压操作票交运行班组值班负责人保存。

三、低压操作票中对操作设备的要求

1. 对低压进出线路的操作要求

（1）低压电气设备分路停电操作顺序：先拉开出线开关，检查出线开关确已拉开，再拉开低压出线刀开关，最后取下低压熔断器。低压电气设备分路送电操作顺序：检查开关确已拉开，先装上低压熔断器，再合上低压出线刀开关，最后合上出线开关。

（2）低压电气设备总路停电操作顺序：先拉开各分路开关，再拉开各分路刀开关或取下熔断器，最后拉开总开关。低压电气设备总路送电操作顺序：先合上总开关，再合上各分路刀开关或装上熔断器，最后合上分路开关。

2. 对低压自动断路器的要求

拉开低压自动断路器时，应将手柄拉向"分"字处。合上低压自动断路器时，应将手柄推向"合"字处。若要合上已经自动脱扣的限流断路器，应先将手柄拉向"分"字处，使断路器脱扣，然后将手柄再推向"合"字处。

3. 对刀开关的要求

禁止用刀开关拉开、合上故障电流。禁止用刀开关拉开、合上带负荷的电气设备或带负荷的电力线路等。

4. 低压熔断器

（1）熔件的操作应在不带电的情况下投、切。

（2）低压熔断器及熔体应安装可靠，安装熔体时应保证接触良好等。

5. 对配电箱的要求

配电箱内各电器间以及这些电器对配电箱外壳的距离，应能满足电气间隙、爬电距离以及操作所需的间隔。配电箱的进出、引出线应采用具有绝缘护套的绝缘电线或电缆等。

【思考与练习】

1. 试述低压操作票中对低压进出线路的操作要求。

2. 试述低压操作票中对低压自动断路器的操作要求。

3. 试述低压操作票中对低压熔断器的操作要求。

模块 4　操作票的管理规定（TYBZ03107004）

【模块描述】本模块介绍操作票的统计整理、操作票检查、操作票考核内容。通过要点讲解，掌握操作票管理规定的内容。

【正文】

一、操作票的统计整理

生产班组应在每月规定日期前将上月操作票按顺序分类整理装订审核，做好班组操作票合格率的计算、操作票种类、操作票号码的统计，最后填写班组《月度操作票执行情况统计表》，由班组安全员、班组长分别审核签名后报送车间安全员。车间安全员应在每月规定日期前将生产班组报送的上月操作票按顺序整理装订审核，做好车间操作票合格率的计算、操作票种类、操作票号码的统计，最后填写车间《月度操作票执行情况统计表》，由车间安全员、车间负责人分别审核签名后，将车间《月度操作票执行情况统计表》报送供电公司安监部门，同时将操作票原始资料归档保存，以备检查。

二、操作票检查

生产班组每月要对本班组的操作票执行情况进行全面检查、统计、汇总、分析。车间主管运行、检修的工程技术人员和车间安全管理人员每月要检查已执行的操作票，车间领导每月要检查已执行的操作票。供电公司领导、生技管理人员、安监管理人员要经常深入工作现场检查指导安全生产工作，按分工每月抽查车间已执行的低压操作票、变电操作票和线路操作票，抽查后均应在车间《月度操作票执行情况统计表》上签名，并指出问题，对于操作票检查中发现的不合格项要提出公司考核意见。

三、操作票的考核

（一）操作票的考核内容

在填写和执行操作票过程中出现下列情况之一者为不合格项，要进行考核：

（1）操作票无编号，编号混乱或漏号。

（2）无票操作或事后补票。

（3）未写变电站站名或填错站名。

（4）操作票未盖章，盖错位置，盖错章。

（5）操作任务与操作项目不符。

（6）操作任务填写不明确或设备名称、编号不正确。

（7）操作任务填写未使用设备双重名称及运用方式转换。

（8）不用蓝色或黑色钢笔（圆珠笔）填写，而且字迹潦草，票面模糊不清。

（9）操作时未逐项打"√"或不打"√"进行操作，全部操作完毕后补打"√"。

（10）未填写操作开始及终了时间或操作开始及终了时间填错。

（11）操作票未打终止号或终止号打错位置。

（12）多页操作票未填续号或填错续号。

（13）各类签名人员不符合《国家电网公司电力安全工作规程》等相关规程的要求，包括没有签名或漏签名、代签名。

（14）操作票中有错字、别字、漏字或未使用操作术语。

（15）操作票中对操作方式，设备名称、编号、参数、终止号、操作"动词"有涂改。

（16）操作项目中出现漏项、并项、添项、顺序号任意涂改。

（17）操作顺序颠倒。

（18）操作票未按规定保存一年就丢失。

（19）已装设、拆除的接地线没写编号。

（20）误投、停保护装置，误投、停自投装置，误投、停重合闸装置。

（21）操作中不戴安全帽或使用不合格安全用具。

（22）操作票在执行过程中因故停止操作未在备注栏注明原因。

（23）操作票填写后，未按操作人－监护人－值班负责人的顺序审查并签名。

（24）操作票填写后，未经监护人、值班负责人审核就操作。

（25）监护人手中持有两份及以上操作票进行操作。

（26）在执行倒闸操作时，如果已操作了一项或多项，因故停止操作，未按规定盖"已执行"章，未按已执行的操作票处理，未注明原因。

（27）倒闸操作中途随意换人。

（28）操作人、监护人在倒闸操作过程中做与操作无关的事情。

（29）应该两人进行的操作失去监护，单人操作。

（30）未按倒闸操作程序操作。

（31）现场操作未执行监护、复诵制。

（32）未进行模拟操作就开始实际操作。

（33）操作票虽然填写正确，但操作过程中执行错误。

（34）变电站典型操作票丢失，典型操作票与现场实际设备不符，变电站设备运行方式改变后，典型操作票未及时修改。

（35）未按规定使用防误闭锁解锁工具进行操作。

（36）防误闭锁解锁工具使用后未作记录。

（37）每次使用防误闭锁解锁工具后未重新填写封条加封。

（38）安全用具不能满足操作要求或安全用具超周期而影响操作。

（39）送电操作前，未检查送电范围内接地线确已拆除。

（40）装设、拆除接地线时身体触及接地线。

（41）装设接地线未按先接接地端，后接导体端顺序进行。

（42）装设接地线用缠绕方式接地。

（43）未用合格相应电压等级的专用验电器验电。

（44）装设接地线时，工作人员未使用绝缘棒或戴绝缘手套。

（45）杆塔无接地引下线时，未采用临时接地棒。

（46）验电前未将验电器在有电设备上进行检验，就直接验电。

（二）操作票合格率计算要求

$$操作票合格率 = \frac{已执行正确的操作票份数}{应统计的操作票份数} \times 100\%$$

应统计的操作票份数是指包括已执行的和不符合《国家电网公司电力安全工作规程》等相关安全规程、规定所填写和执行的操作票份数。

已执行正确的操作票份数，应当是从应统计的操作票份数中，减去不符合《国家电网公司电力安全工作规程》等相关安全规程、规定所填写和执行的操作票份数。

生产班组、车间、供电公司均要统计操作票的合格率，并逐级检查考核，达到严格操作票管理的目的。

【思考与练习】

1. 试述操作票统计整理的要求。

2. 在填写和执行操作票过程中出现哪些情况就为操作票不合格项，就要进行考核，举例说明四种情况。

3. 试述操作票合格率计算要求。

第八章 电气工作票填写

模块 1 变电站第一种工作票的填写 (TYBZ03108001)

【模块描述】本模块介绍变电站第一种工作票的填写要求、送交和接收、填写变电站第一种工作票时对工作许可人的要求、许可开始工作时间、工作班组人员签名、工作负责人变动情况、工作票延期、工作间断、工作终结及工作票终结、备注、盖章、填写注意事项、格式等内容。通过填写内容要点及要求讲解，掌握变电站第一种工作票填写的内容及要求。

【正文】

一、变电站第一种工作票的填写要求

1. 单位、班组

（1）单位：应填写工作班组主管单位的名称。

（2）班组：应填写参加工作班组的全称。

2. 工作负责人

若几个班同时工作时，填写总工作负责人的姓名。

3. 工作班人员

填写的工作班人员不包括工作负责人在内。

4. 工作的变配电站名称及设备双重名称

此栏应填写进行工作的变电站、开关站、配电室名称和电压等级，要填写双重名称。

5. 工作任务

（1）工作地点及设备双重名称。工作地点及设备双重名称应填写实际工作现场的位置和地点名称以及设备的双重名称。

（2）工作内容。工作内容栏应填写该工作的设备检修、试验清扫、保护校验、设备更改、安装、拆除等项目，工作内容应对照工作地点及工作设备来填写。

6. 计划工作时间

填写应在调度批准的设备停电检修时间范围内。

7. 安全措施

（1）应拉断路器、隔离开关。应拉开的断路器、隔离开关和跌落式熔断器，应取下的熔断器、应拉开的快分开关或电源刀开关等均应填入此栏。

（2）应装接地线、应合接地开关。应写明装设接地线的具体位置和确切地点，接地线的编号可以留出空格，待变电站值班运行人员做好安全措施后，由工作许可人填写装设接地线编号。

（3）应设遮栏、应挂标示牌。填写应装设遮栏，应挂标示牌的名称和地点。

填写防止二次回路误碰的具体措施。填写要装设的绝缘挡板，应注明现场实际装设处的位置。

1）小范围停电检修工作时，遮（围）栏应包围停电设备，并留有出入口，遮（围）栏内没有"在此工作"的标示牌，在遮（围）栏上悬挂适当数量的"止步，高压危险！"标示牌，标示牌应朝向遮（围）栏里面。围栏开口处设置"由此出入"标示牌。在开口式遮（围）栏内不得有带电设备，出口朝向通道。在大范围停电检修工作时，装设围栏应包围带电设备，即带电设备四周装设全封闭围栏，并在全封闭围栏上悬挂适当数量的"止步，高压危险！"标示牌，标示牌应朝向全封闭围栏外面。

2）室内一次设备上的工作，应悬挂"在此工作"标示牌，并设置遮（围）栏，留有出入口。应在检修设备两侧、检修设备对面间隔的遮（围）栏上、禁止通行的过道处悬挂"止步，高压危险！"标示牌。室内二次设备上的工作，应悬挂"在此工作"标示牌，并在检修屏（盘）两侧屏（盘）前后悬挂红布幔。手车断路器拉出断路器柜外后，隔离带电部位的挡板封闭后禁止开启，手车断路器柜门应闭锁，并悬挂"止步，高压危险！"标示牌。

（4）工作地点保留带电部分或注意事项。要求工作地点保留带电部分应写明停电设备上、下、左、右第一个相邻带电间隔和带电设备的名称和编号。线路停电，接地开关需要拉开进行修试，由工作负责人监护工作人员装设临时接地线，先装设临时接地线后拉开接地开关，试验结束应先合上接地开关，后拆除临时接地线。

8. 工作票签发人签名

工作票签发人填好工作票或由工作负责人填写工作票，应经工作票签发人审核无误后，由工作票签发人在一式两联工作票的"工作票签发人签名"栏签名，并填写签发日期。

二、送交和接收变电站第一种工作票

第一种工作票应在工作前一日送达运行人员，变电站运行值班人员应在工作前一日审查工作票所列安全措施是否正确、完备，是否符合现场条件。确认无问题后，在一式两联的变电站第一种工作票上填写收到工作票时间并在运行值班人员签名栏签名。

三、填写变电站第一种工作票时对工作许可人的要求

1. 已拉开断路器和隔离开关

根据现场已经执行的拉开断路器和隔离开关对照工作票上应拉开断路器和隔离开关的逐项内容，在"已执行"栏逐项打"√"。

2. 已装接地线、应合接地开关

根据现场已经执行的装设接地线、合上接地开关对照工作票上应装接地线、应合上接地开关的逐项内容，在"已执行"栏逐项打"√"，由工作许可人在"应装接地线、应合接地开关"栏填写现场已经装设接地线的编号。

3. 已设遮栏、已挂标示牌

根据现场已经布置的安全措施对照工作票上应设遮栏、应挂标示牌、防止二次回路误碰措施的逐项内容，在"已执行"栏逐项打"√"。

4. 补充工作地点保留带电部分和安全措施

补充安全措施是指工作许可人认为有必要补充的其他安全措施和要求，该栏是运行值班人员向检修、试验人员交代补充工作地点保留带电部分和安全措施的书面依据。此栏不允许空白。

四、许可开始工作时间

工作许可人应确认变电站运行值班人员所作的安全措施与工作要求一致，工作地点相邻的带电或运行设备及提醒工作人员工作期间有关安全注意事项等已经填写清楚，在确认变电站第一种工作票各项内容全部完成后，由工作许可人会同工作负责人到现场再次检查所做的安全措施，确认检修设备确无电压。双方认为无问题后，由工作许可人填上许可开始工作时间。许可开始工作时间由工作许可人在工作现场填写。上述工作完成后，工作许可人在一式两联工作票中"工作许可人签名"栏签名，工作负责人在一式两联工作票中"工作负责人签名"栏签名。

五、工作班组人员签名

工作负责人接到工作许可命令后，应向全体工作人员交代工作票中所列工作任务、安全措施完成情况、保留或邻近的带电设备和其他注意事项，并询问是否有疑问。工作班组全体人员确认工作负责人布置的任务和本工作项目安全措施交代清楚并确认无疑问后，工作班成员应逐一在签名栏签名。

六、工作负责人变动情况

1. 工作负责人变动

工作期间，若工作负责人因故长时间离开工作现场时，应由原工作票签发人变更工作负责人，履行变更手续，并告知全体工作人员及工作许可人，同时在工作票上填写离去和变更的工作负责人姓名，并填写工作票签发人姓名以及工作负责人变

模块
1

TYBZ03108001

动时间。

2. 工作人员变动

工作人员变动应经工作负责人同意，在工作票上注明变动人员姓名、变动日期和时间，并简要写明工作人员变动的原因。

七、工作票延期

应在工期尚未结束以前由工作负责人向运行值班负责人提出申请，由运行值班负责人通知工作许可人给予办理。运行值班负责人得到调度值班员的工作票延期许可后，方可将延期时间填在一式两联工作票的"有效期延长到"栏内，同时与工作负责人在工作票上分别签名、分别填入签名时间后执行。

八、工作间断

使用一天的工作票不必填写"每日开工和收工时间"，使用多日的工作票应填写"每日开工和收工时间"。每日收工，应清扫工作地点，开放已封闭的通路，并将工作票交回工作许可人，在工作票上填写收工时间，工作负责人与工作许可人分别在工作票"每日收工时间"栏内签名。次日复工时，应得到工作许可人的许可。

九、工作终结及工作票终结

1. 工作终结

全部工作完毕后，工作班应清扫、整理现场。工作负责人应先做周密地检查，待全体工作人员撤离工作地点后，再向运行人员交代所检修项目、发现的问题、试验结果和存在问题等，并与运行人员共同检查设备已恢复至开工前状态，然后在工作票上填明工作结束时间。经双方签名后，工作终结。

2. 工作票终结

待工作票上的临时遮栏已拆除，标示牌已取下，已恢复常设遮栏，未拆除的接地线、未拉开的接地开关已汇报调度。安全措施全部清理完毕，运行值班负责人对工作票审查无问题并在两联工作票上签名，填写工作票终结时间后，工作票方告终结。

十、备注

填写工作票签发人、工作负责人、工作许可人在办理工作票过程中需要双方交代的工作及注意事项。

十一、变电站第一种工作票盖章

"已执行"章和"作废"章应盖在变电站第一种工作票的编号上方。工作结束后工作负责人从现场带回下联工作票，向工作票签发人汇报工作完成情况，并交回工作票，工作票签发人认为无问题时，在下联工作票的编号上方盖上"已执行"章，然后将工作票收存以备检查。工作结束后工作许可人将上联工作票交给运行值班负责人，并向值班负责人汇报工作完成情况，运行值班负责人认为无问题时，在上联工作票的编号上方盖上"已执行"章，然后将工作票收存。

变电站第一种工作票的编号由各单位统一编号，使用时应按编号顺序依次使用。

【思考与练习】

1. 试述变电站第一种工作票工作终结的规定。

2. 试述变电站第一种工作票工作票终结的规定。

3. 试述变电站第一种工作票工作票延期的规定。

模块 2 变电站第二种工作票的填写 （TYBZ03108002）

【模块描述】本模块介绍填写变电站第二种工作票的要求、工作许可、工作班组人员签名、工作负责人变动情况、工作票延期、工作票终结、备注、盖章、填写注意事项、格式等内容。通过填写内容要点及要求讲解，掌握变电站第二种工作票填写的内容及要求。

【正文】

一、填写变电站第二种工作票的要求

1. 单位、班组

（1）单位：应填写工作班组主管单位的名称。

（2）班组：应填写参加工作班组的全称。

2. 工作负责人

工作负责人是组织工作人员安全的完成工作票上所列工作任务的负责人，也是对本工作班完成工作的监护人。若几个班同时工作时，填写总工作负责人的姓名。

3. 工作班人员

填写的工作班人员不包括工作负责人在内。

4. 工作的变配电站名称及设备双重名称

此栏应填写进行工作的变电站、开关站、配电室名称和电压等级，变电站、开关站、配电室名称要写全称。要填写变电站、开关站、配电室内工作的设备双重名称。

5. 工作任务

（1）工作地点或地段。工作地点及设备双重名称应填写实际工作现场的位置和地点名称以及设备的双重名称，其中断路器、隔离开关、电力电容器等电气设备应写双重名称，构架、母线等应写电压等级和设备名称，填写设备名称必须与现场实际相符。

（2）工作内容。工作内容栏应填写该工作的设备检修、试验及设备更改、安装、拆除等项目，工作内容应对照工作地点或地段来填写。

模块
2

TYBZ03108002

6. 计划工作时间

计划工作时间可以由工作票签发人根据工作性质来确定。

7. 工作条件

填写停电或不停电的条件是指对检修对象要求的工作条件，即检修对象需要停电时则填写停电，不需要停电时则填写不停电。需要停电时，应在"注意事项"栏内写明需要停电的电源设备。要在此栏中填写邻近及保留带电设备名称，带电设备要写双重名称。

8. 注意事项

继电保护定期校验、检查工作时，应写明退出保护的具体名称，切换断路器选择开关的"遥控/就地"状态。在临近带电运行的一次设备上工作时应注明设备运行情况及工作人员与带电设备保持的安全距离。在高处作业时，应注明下层设备及周围设备运行情况。在蓄电池室内工作，应提醒工作人员注意"禁止烟火"等。

二、工作票签发人签发变电站第二种工作票

工作票签发人填好工作票或由工作负责人填好工作票后，必须经工作票签发人审核无误，由工作票签发人在一式两联工作票的"工作票签发人签名"栏签名，并填写工作票签发时间。变电站运行值班负责人收到变电站第二种工作票后，应对工作票的全部内容作仔细审查确认无问题后，按照工作票内容做好安全措施。

三、补充安全措施

除工作票签发人填写的安全措施外，工作许可人认为有必要补充说明的安全措施也要在此栏中写明。

四、工作许可

在填写许可开始工作时间前，工作许可人必须认真仔细审查工作票签发人填好工作票各项内容。对于进入变电站或发电厂工作，必须经过当值运行人员许可，工作负责人应确认变电站或发电厂运行值班人员所作的安全措施与工作票安全措施要求一致，工作地点相邻的带电或运行设备及提醒工作人员工作期间有关安全注意事项均已填写清楚。工作许可人会同工作负责人到现场，对照工作票指明工作任务、工作地点、带电部分以及注意事项，工作负责人确认无问题后，由工作许可人填写许可开始工作时间。许可工作时间由工作许可人在工作现场填写。工作许可人在填写许可工作时间时应注意许可工作时间应在计划工作时间之后。工作许可人在一式两联工作票中"工作许可人签名"栏签名，并填写许可工作时间。工作负责人在一式两联工作票中"工作负责人签名"栏签名工作许可手续办理完毕。

五、工作班组人员签名

工作负责人带领工作班组全体人员到达工作现场后，应向全体工作人员交代工作票中所列工作任务、人员分工、工作条件及现场安全措施、计划工作时间、进行

危险点告知等，并询问是否有疑问，如果工作人员有疑问或没有听清楚，工作负责人有义务向其重申，直到清楚为止。工作班组全体人员确认工作负责人布置的任务和本工作项目安全措施交代清楚并确认无疑问后，工作班组全体人员应逐一在"工作班组人员签名"栏填入自己的姓名，工作班人员必须是本人亲自签名。

六、工作票延期

应在工期尚未结束以前由工作负责人向运行值班负责人提出申请，运行值班负责人得到调度值班员的工作票延期许可后，方可将延期时间填在一式两联工作票的"有效期延长到"栏内，由运行值班负责人通知工作许可人给予办理。工作许可人与工作负责人在工作票上分别签名、分别填入签名时间后执行。

七、工作票终结

工作结束时间应与计划结束时间相同或在计划结束时间之前。在工作结束后和未填写工作结束时间前，由工作负责人会同工作许可人一起到现场进行验收，经验收合格，递交必须的检查试验报告，填写有关记录，清理现场后工作许可人方可在一式两联工作票上填写工作结束时间。工作负责人与工作许可人在一式两联工作票上分别签名并填写签名时间，工作票方告终结。

八、备注

由于变电站第二种工作票无工作负责人变更栏，当遇到此种情况时可由工作票签发人电话传达并由工作许可人写明"×××电话传达"并签名。此栏还应填写非正常工作间断的原因。增减工作人员的原因、工作中需要注明的内容等。

九、变电站第二种工作票盖章

"已执行"章和"作废"章应盖在变电站第二种工作票的编号上方。工作结束后工作负责人从现场带回下联工作票，向工作票签发人汇报工作完成情况，并交回工作票，工作票签发人认为无问题时，在下联工作票的编号上方盖上"已执行"章，然后将工作票收存以备检查。工作结束后工作许可人将上联工作票交给值班负责人，并向运行值班负责人汇报工作完成情况，运行值班负责人认为无问题时，在上联工作票的编号上方盖上"已执行"章，然后将工作票收存以备检查。

变电站第二种工作票的编号由各单位统一编号，使用时应按编号顺序依次使用。

【思考与练习】

1. 试述变电站第二种工作票工作许可的规定。

2. 试述变电站第二种工作票工作票终结的规定。

3. 试述变电站第二种工作票工作票延期的规定。

模块 3　变电站带电作业工作票的填写（TYBZ03108003）

【模块描述】本模块介绍变电站带电作业工作票的填写要求、签发、补充安全措施、许可工作时间、工作班组人员签名、工作票终结、备注、盖章、填写注意事项、格式等内容。通过填写内容要点及要求讲解，掌握变电站带电作业工作票填写的内容及要求。

【正文】

一、变电站带电作业工作票的填写要求

1. 单位、班组

（1）单位：应填写变电站带电作业班组的主管单位的名称。

（2）班组：应填写变电站带电作业工作班组的全称。

2. 工作负责人

填写组织、指挥工作班人员安全完成工作票上所列工作任务的责任人员。

3. 工作班人员

填写的工作班人员不包括工作负责人在内。

4. 工作的变配电站名称及设备双重名称

应填写变电站、开关站、配电室的电压等级、名称，填写带电作业电气设备的名称编号及电压等级。

5. 工作任务

（1）工作地点或地段。要填写变电站、开关站、配电室内带电作业电气设备的实际地点和地段，带电作业电气设备所在的设备区，电气设备要填写双重名称并注明电压等级。

（2）工作内容。在同一变电站或发电厂升压站内，依次进行的同一类型的带电作业可以使用一张带电作业工作票。此栏应具体、明确地填写所进行带电作业工作的项目和计划安排的工作任务。

6. 计划工作时间

工作票签发人在考虑计划工作时间时，应根据实际工作需要填写计划工作时间，若在预定计划工作时间工作尚未完成，应将该工作票终结重新办理工作票。

7. 工作条件

对于带电作业的工作条件可以分成"等电位、中间电位、地电位作业、邻近带电设备"几类填写。对于带电体的电位与人体的电位相等的带电作业，在此栏中填"等电位"。对于作业人员通过两部分绝缘体，分别与接地体和带电体隔开的带电作业，在此栏中填"中间电位"。对于作业人员处于地电位上使用绝缘工具间接接触

带电设备的作业，在此栏中填"地电位"。

8．注意事项

进行地电位带电作业时，人身与带电体间的安全距离、绝缘操作杆、绝缘承力工具和绝缘绳索的有效绝缘长度要求要在此栏中注明。在市区或人口稠密的地区进行带电作业时，工作现场应设置围栏，派专人监护，严禁非工作人员入内等措施要在此栏中写明。等电位作业时，应在此栏中填写作业人员要穿合格的全套屏蔽服，各部分应连接良好。屏蔽服内还应穿着阻燃内衣。严禁通过屏蔽服断、接接地电流、空载线路和耦合电容器的电容电流。对于带电水冲洗一般应在良好天气时进行。风力大于4级，气温低于−3℃，或雨天、雪天、沙尘暴、雾天及雷电天气时不宜进行。冲洗绝缘子时，应注意风向，必须先冲下风侧，后冲上风侧；对于上、下层布置的绝缘子应先冲下层，后冲上层。冲洗时，操作人员应戴绝缘手套、穿绝缘靴。带电作业中需要注意的其他安全措施都要在此栏中写明。

二、签发变电站带电作业工作票

工作票签发人将填好的工作票核对无误后，由工作票签发人在一式两联工作票上签名，并填写工作票签发时间。工作票签发人和工作负责人各持一联工作票，由工作票签发人向工作负责人交代工作内容，当工作负责人对照工作票进行认真核对，审查带电作业工作票并确认工作票各项填写内容无问题后，由工作负责人在一式两联工作票上签名。带电作业应设专责监护人。由工作负责人指定×××为专责监护人，并将其姓名写入工作票中，再由指定的专责监护人在"专责监护人签名"栏填入自己的姓名。

三、补充安全措施

除工作票签发人填写的带电作业安全措施和注意事项外，工作许可人认为有必要现场进行补充说明的安全措施也要在此栏中写明。

四、许可工作时间

带电作业工作开始前，工作许可人必须认真仔细审查工作票签发人填好工作票，如果工作许可人发现有错误，必须通知工作票签发人修改工作票或重新填写新票。当确认无问题后，由变电站运行值班人员根据工作票要求结合现场实际情况完成补充的安全措施，工作许可人会同工作负责人到现场，对照工作票指明工作任务、工作地点、带电部分以及注意事项，方可填写许可开始工作时间。许可开始工作时间应该迟后于计划工作时间。此时，工作许可人与工作负责人方可在一式两联工作票上分别签名。一式两联工作票的上联由工作许可人持有，一式两联工作票的下联由工作负责人持有。

五、工作班组人员签名

工作负责人带领工作班组全体人员到达工作现场后，应向全体工作人员交代工作票中所列工作任务、人员分工、带电部位及现场安全措施、计划工作时间、进行危险点告知等，并询问是否有疑问，如果工作人员有疑问或没有听清楚，工作负责人有义务向其重申，直到清楚为止。工作班组全体人员确认工作负责人布置的任务和本施工项目安全措施交代清楚并确认无疑问后，工作班组全体人员应逐一在签名栏填入自己的姓名。

六、工作票终结

带电作业结束后，工作负责人应检查工作人员已全部撤离，材料工具已清理完毕，然后会同工作许可人一起到现场进行验收，经验收合格，递交必须的检查试验报告，填写有关记录，工作许可人方可在一式两联工作票上填写工作结束时间："全部工作于××××年××月××日××时××分结束"，工作负责人与工作许可人在一式两联工作票上分别签名，工作票方告终结。

七、备注

填写有必要提醒工作人员工作中需注意的其他事项，对于专责监护人负责监护的具体地点和监护内容、监护范围、安全措施、危险点和安全注意事项应填入此栏中。

八、变电站带电作业工作票盖章

"已执行"章和"作废"章应盖在变电站带电作业工作票的编号上方，一式两联工作票应分别盖章。工作结束后工作负责人从现场带回工作票，向工作票签发人汇报工作情况，并交回工作票，工作票签发人认为无问题时，在一式两联工作票的编号上方分别盖上"已执行"章，然后将工作票收存。工作结束后，工作许可人将上联工作票交给运行值班负责人并向其汇报带电作业完成情况及验收情况，运行值班负责人认为无问题后，在带电作业工作票的编号上方盖上"已执行"章，并将工作票收存以备检查。

变电站带电作业工作票的编号由各单位统一编号，使用时应按编号顺序依次使用。

【思考与练习】
1. 试述变电站带电作业工作票许可工作时间的规定。
2. 试述变电站带电作业工作票工作票终结的规定。
3. 试述变电站带电作业工作票盖章的规定。

模块 4 电力线路第一种工作票的填写（TYBZ03108004）

【模块描述】本模块介绍电力线路第一种工作票的填写要求、签发和接收、许可开始工作、工作班组人员签名、工作负责人变动情况、延期、终结、备注、盖章等内容。通过填写内容要点及要求讲解，掌握电力线路第一种工作票填写的内容及要求。

【正文】

一、电力线路第一种工作票的填写要求

1. 单位、班组

（1）单位：应填写工作班组主管单位的名称。

（2）班组：应填写参加工作班组的全称。

2. 工作负责人

填写组织、指挥工作班人员安全完成工作票上所列工作任务的责任人员。工作负责人应由具有独立工作经验的人员担任。

3. 工作班人员

填写的工作班人员不包括工作负责人在内。

4. 工作的线路或设备双重名称

对于全线停电的线路，应写明停电线路的名称和电压等级，对于部分停电的线路，除写明部分停电线路的名称和电压等级外，还要写明从××号杆至××号杆。如果只有支线停电，既要填写干线的名称和电压等级，还要填写支线的名称。

5. 工作任务

（1）工作地点或地段。应填写停电工作范围内的地段。工作地段为干线全部工作时，只填写该线路的名称和起、止杆号。工作地段为干线的部分地段时，应填写干线停电工作部分两端装设接地线的起、止杆号。干线不停电，工作地段是分、支线路时，应填干线名称及分、支线的名称和停电部分的起、止杆号。干线不停电，工作地段为一条分、支线上的部分地段时，应填干线名称及分、支线的名称和停电部分的起、止杆号。

（2）工作内容。填写该项目的工作内容，对一些有明确规定的项目，只填写该项目内容即可。

6. 计划工作时间

填写不包括设备停、送电操作及实施安全措施在内的设备检修时间。

7. 安全措施

（1）应改为检修状态的线路间隔名称和应拉开的断路器、隔离开关、熔断器。此栏内应填写断开发电厂、变电站、开关站、配电室、环网设备等线路断路器和隔离开关。此栏内还应填写断开需要工作班操作的线路各端断路器、隔离开关和熔断器。填写断开危及该线路停电作业，且不能采取相应安全措施的交叉跨越、平行和同杆架设线路的断路器、隔离开关和熔断器。当一回线路检修，其邻近或交叉其他电力线路需进行配合停电和接地时，也应在工作票中列入相应的安全措施。若配合停电线路属于其他单位，应由检修单位事先书面申请，经配合线路的设备运行管理单位同意并实施停电措施也要填入此栏。填写断开有可能返回低压电源的断路器、刀开关和熔断器。对于断路器、隔离开关的操动机构上应加锁，跌落式熔断器的熔管应摘下等要填写在安全措施中。

（2）保留或邻近的带电线路、设备。此栏应填写工作地段同杆架设的带电线路、10m 以内的平行带电线路、交叉跨越带电线路或其他带电设备的名称和电压等级。此栏不许空白，无带电线路和带电设备时应填"无"。

（3）其他安全措施和注意事项。此栏填写除已写明的"应拉开的断路器、隔离开关、熔断器，应挂的接地线"等安全措施外，还应注明其他安全措施和注意事项。应在此栏中注明增设临时围栏。临时围栏与带电部分的距离，不准小于有关规定。还应在此栏填写临时围栏应装设牢固，并悬挂"止步，高压危险！"的标示牌。

（4）应挂的接地线。填写由工作班组在工作地段各端所装设的接地线，凡有可能送电到停电线路的分支线也要装设接地线。此栏只填写在线路工作地段的两端应装设的接地线或加挂的接地线。应在表格的上一行填写线路名称和杆号（接地线的装设位置），在对应的下一行填写该处所装接地线的编号。"线路名称及杆号"栏的填写要求是单回线路与同杆架设的多回线路均要填写线路名称和杆号，对于同杆架设的多回线路在同一杆塔上不同线路均要求装设接地线时，不仅要填写线路名称和杆号，还要注明装设的确切位置。

二、签发与接收工作票

1. 工作票签发人签名

工作票签发人将填好的工作票核对无误，工作票签发人和工作负责人各持一联工作票，工作票签发人向工作负责人交代工作内容，当双方确认工作票无问题后，工作票签发人在一式两联工作票上签名，并填写工作票签发时间。

2. 工作负责人签名

工作负责人接受工作票前，由工作票签发人按照工作票所填写的内容逐项交代给工作负责人，工作负责人对照工作票进行认真核对，审查工作票有无遗漏，对工作票有无疑问，当确认无问题后，由工作负责人在一式两联工作票上签名，并填写工作票收到时间。

三、许可工作开始

许可开始工作的命令按照联系方式填写，调度值班员或线路工区值班员向工作负责人发出许可工作的命令。许可人为当值调度值班人员、线路工区值班员。许可人应通知到工作负责人，由工作负责人在得到许可开始工作的命令后，把许可命令的方式、许可人姓名、许可工作的时间填入工作票许可开始工作栏内，并将自己姓名填入"工作负责人签名"栏内。

四、工作班组人员签名

工作负责人接到工作许可命令后，应向全体工作人员交代工作票中所列工作任务、安全措施完成情况、保留或邻近的带电线路、设备和其他注意事项，并询问是否有疑问，如果工作人员有疑问或没有听清楚，工作负责人应向其重申，直到清楚为止。工作班组全体人员确认工作负责人布置的任务和本施工项目安全措施交代清楚并确认无疑问后，工作班成员应逐一在签名栏签名。

五、工作负责人变动情况

工作期间，若工作负责人因故长时间离开工作的现场时，应由原工作票签发人变更工作负责人，履行变更手续，并告知全体工作人员及工作许可人，由工作票签发人将变动情况通知工作负责人，同时在工作票上填写离去和变更的工作负责人姓名，还应填写工作票签发人姓名以及工作负责人变动时间，工作负责人只允许变更一次。工作人员变动应经工作负责人同意，并在工作票上注明增减人员姓名、变动日期和时间，工作人员变动情况填写后，由工作负责人签名。

六、工作票延期

工作负责人应在有效时间尚未结束以前向工作许可人提出延期申请，经同意后给予办理，由工作负责人将工作许可人许可的延期时间填在工作票"有效期延长到时间"栏内，在"工作负责人签名"栏内签名，填入同意延期申请的工作许可人姓名，填写许可延期时间。

七、工作票终结

（1）将已经全部拆除并带回的在现场所挂接地线的组数、接地线的编号填写在现场所挂接地线组数、接地线编号栏内。

（2）工作终结报告。工作终结后，工作负责人向工作许可人汇报，并将工作终结报告的方式、接受报告人姓名、工作终结报告的时间填入工作票"工作终结报告"栏内，并由工作负责人在"工作负责人签名栏"内签名。

八、备注

1. 专责监护人

工作票签发人和工作负责人，对有触电危险、施工复杂容易发生事故的工作，应指定专责监护人并将专责监护人姓名填入此栏，同时将专责监护人负责监护的具体地点和监护内容、监护范围、危险点和安全注意事项等填入此栏。

2. 其他事项

对于工作票间断，应由工作负责人将工作间断时间与工作开工时间填入工作票的备注栏内。填写数日内工作有效的工作票，如每日收工需将工作地点所装设接地线拆除时，次日开工前应得到工作许可人许可后方可重新验电，装设接地线，再开始工作。同时应将每日装、拆接地线的操作人和时间，填入工作票的备注栏内。工作人员确已知道工作地段接地线装设好并接到工作负责人当面许可后，方可开始工作。工作人员登杆前应核对线路名称、杆号、电缆分线箱编号、线路断路器、隔离开关等设备名称编号。工作完毕后，工作负责人检查线路检修地段的状况，命令拆除全部接地线，在工作人员全部撤离现场，接地线拆除后，不准任何人再登杆进行任何工作等内容也可填写在备注栏中。

九、电力线路第一种工作票盖章

"已执行"章和"作废"章应盖在电力线路第一种工作票的编号上方，一式两联工作票应分别盖章。工作结束后工作负责人从现场带回工作票，向工作票签发人汇报工作情况，并交回工作票，工作票签发人认为无问题时，在一式两联工作票的编号上方分别盖上"已执行"章，然后将工作票收存。

电力线路第一种工作票的编号由各单位统一编号，使用时应按编号顺序依次使用。

电力线路第一种工作票格式参见模块（TYBZ03108011）：电气工作票的填写实例。

【思考与练习】

1. 试述电力线路第一种工作票许可工作开始的规定。
2. 试述电力线路第一种工作票工作票终结的规定。
3. 试述电力线路第一种工作票工作票延期的规定。

模块 5　电力电缆第一种工作票的填写（TYBZ03108005）

【模块描述】本模块介绍电力电缆第一种工作票的填写要求、签发和接收、工作许可、工作票延期、工作负责人变动情况、工作间断、工作终结和工作票终结、备注、盖章等内容。通过填写内容要点及要求讲解，掌握电力电缆第一种工作票填写的内容及要求。

【正文】

一、电力电缆第一种工作票的填写要求

（一）单位、班组

（1）单位：应填写工作班组的主管单位的名称；

（2）班组：应填写参加工作班组的全称。

（二）工作负责人

填写组织、指挥工作班人员安全完成工作票上所列工作任务的责任人员。

（三）工作班人员

填写的工作班人员不包括工作负责人在内。

（四）电力电缆双重名称

应写明电力电缆的名称编号和电压等级，工作票上所写的电力电缆双重名称要

与现场实际的电缆名称、标示牌相符。

（五）工作任务

1. 工作地点或地段

应填写停电工作范围内的地段，电力电缆工作要填写起、止电缆终端头号。电力电缆分线箱内工作还要写明分线箱的名称编号、色标以及电力电缆的电压等级。

2. 工作内容

填写该项目的工作内容，对一些有明确规定的项目，只填写该项目内容。

（六）安全措施

1. 应拉开的设备名称、应装设绝缘挡板

（1）变配电站或线路名称：填写应拉开断路器、隔离开关、熔断器的变电站、开关站、配电室、线路的双重名称和编号。

（2）应拉开的断路器、隔离开关、熔断器以及应装设绝缘挡板：此栏内应填写断开变电站、开关站、配电室、线路断路器、隔离开关、熔断器，填写应装设绝缘挡板的具体位置。

（3）执行人、已执行：在变电站办理的电力电缆工作票。由工作许可人根据工作票上填写的应拉开断路器、隔离开关、熔断器，应装设绝缘挡板的内容对照运行值班人员已经完成的操作项目，在工作票的"执行人"栏内填写自己的姓名，并在"已执行"栏内打"√"。

2. 应合接地开关和应装接地线

（1）接地开关双重名称和接地线装设地点。要写明装设接地线的具体位置和确切地点，应注明各组接地线以及接地开关的编号。

（2）接地线编号。凡有可能送电到停电电力电缆的均要装设接地线或合上接地开关，并将接地线装设地点，已装设的接地线编号和合上接地开关的编号填入此栏。

（3）执行人：在变电站办理的电力电缆工作票，当工作票上"应合接地开关和应装接地线"的措施全部由变电站运行人员做完后，由工作许可人在工作票"执行人"栏签名。

3. 应设遮栏、应挂标示牌

一经合闸即可送电到工作地点的断路器、隔离开关的操作把手上，均应悬挂"禁止合闸，线路有人工作！"或"禁止合闸，有人工作！"的标示牌。应在此栏填写临时围栏应装设牢固，并悬挂"止步，高压危险！"的标示牌等。

4. 工作地点保留带电部分或注意事项

在变电站的工作，填写停电检修电缆设备的第一间隔的上、下、左、右、前、后相邻，有误登、误碰、误触、误入带电间隔造成危险的具体带电部位和带电设备。

5. 补充工作地点保留带电部分和安全措施

除工作票签发人填写的工作地点保留带电部分或注意事项外，工作许可人认为有必要对工作地点保留带电部分进行补充说明的要在此栏中写明。

二、签发与接收工作票

变电站电力电缆工作票的签发与接收：填写的工作票经工作票签发人审核无误后，由工作票签发人在一式两联工作票的工作票签发人签名栏签名，并填写工作票签发日期。变电站运行值班负责人收到变电站电力电缆第一种工作票后，应对工作票的全部内容作仔细审查确认无问题后，按照工作票内容做好安全措施。

三、工作许可

填用电力电缆第一种工作票的工作应经调度的许可。

1. 在线路上的电缆工作

许可开始工作的命令按照联系方式填写，调度值班员或工区值班员向工作负责人发出许可工作的命令。对直接在现场许可的停电工作，工作许可人将自己姓名、许可命令的方式、许可工作的时间填入工作票"工作许可人××用××方式许可"栏内，工作负责人将自己姓名填入"工作负责人签名"栏内。

2. 在变电站或发电厂内的电缆工作

若进入变电站或发电厂工作，应经当值运行人员许可，工作负责人应确认变电站或发电厂运行值班人员所作的安全措施与工作票安全措施要求一致，工作地点相邻的带电或运行设备及提醒工作人员工作期间有关安全注意事项均已填写清楚。工作许可人会同工作负责人到现场再次检查所做的安全措施，对工作负责人强调带电设备的位置和注意事项，双方认为无问题后，由工作许可人填上"安全措施项所列措施中××部分已执行完毕"，××部分应填写发电厂或变电站、开关站、配电室，再填上工作许可时间。之后，工作许可人在一式两联工作票中工作许可人栏签名，工作负责人在一式两联工作票中工作负责人栏签名。

3. 工作班组人员签名

工作负责人接到工作许可命令后，应向全体工作人员交代工作票中所列工作内容、人员分工、安全措施完成情况、告知危险点，明确保留或邻近的带电部分和其他注意事项。工作班组全体人员应确认工作负责人布置的任务和本工作项目安全措施交代清楚并确认无疑问后，由工作班成员逐一在"工作班组人员签名"栏签名。

四、工作票延期

工作负责人应在有效时间尚未结束以前向工作许可人提出延期申请，经同意后给予办理。

五、工作负责人变动情况

1. 工作负责人变动

工作期间，若工作负责人因故长时间离开工作现场时，应由原工作票签发人变更工作负责人，履行变更手续，并告知全体工作人员及工作许可人，同时在工作票上填写离去和变更的工作负责人姓名、工作票签发人姓名以及工作负责人变动时间。

2. 工作人员变动

工作人员变动应经工作负责人同意，并在工作票上注明变动人员姓名、变动日期和时间，简要写明工作人员变动的原因。

六、工作间断

每日收工，应清扫工作地点，开放已封闭的通路，并将工作票交回工作许可人，由工作负责人在工作票上填写收工时间，工作负责人与工作许可人分别在工作票"每日收工时间"栏内签名。次日复工时，应得到工作许可人的许可，取回工作票，工作负责人应重新认真检查安全措施是否符合工作票的要求，工作负责人确认无问题后，由工作负责人在工作票上填写开工时间，工作负责人与工作许可人分别在工作票"每日开工时间"栏内签名，方可工作。

七、工作终结

1. 在线路上的电缆工作

工作终结后，工作负责人应及时报告工作许可人。汇报完毕后，由工作负责人在工作终结栏内填写所装的工作接地线共××副已全部拆除，填写工作终结时间，并将接受工作终结报告的工作许可人姓名和用××方式汇报填入工作终结栏内。

2. 在变电站或发电厂内的电缆工作

全部工作完毕后，工作负责人应周密地检查，待全体工作人员撤离工作地点后，向运行人员交代工作项目、发现的问题、试验结果和存在问题等，并与运行人员共同检查电力电缆的状态等，然后在工作票上填明工作结束时间等内容。经双方签名后，工作终结。

八、工作票终结

待工作票上的临时遮栏已拆除，标示牌已取下，已恢复常设遮栏，未拆除的接地线、未拉开的接地开关已汇报调度，工作票方告终结。

九、备注

1. 专责监护人

工作票签发人和工作负责人，对有触电危险、施工复杂容易发生事故的工作，应指定专责监护人并将专责监护人姓名填入此栏，同时将专责监护人负责监护的具体地点和监护内容、监护范围、安全措施、危险点和安全注意事项填入此栏。

2. 其他事项

填写有必要提醒工作人员工作中需注意的其他事项。

十、电力电缆第一种工作票盖章

"已执行"章和"作废"章应盖在电力电缆第一种工作票的编号上方，一式两联工作票应分别盖章。在线路上的电缆工作，当工作结束后工作负责人向工作票签发人汇报工作情况，工作票签发人认为无问题时，在一式两联工作票的编号上方分别盖上"已执行"章。在变电站内的电缆工作结束后，工作票的下联由工作负责人带回本单位盖章。上联工作票由工作许可人交值班负责人，并向其汇报工作情况，值班负责人认为无问题后，在工作票编号上方盖"已执行"章。

电力电缆第一种工作票的编号由各单位统一编号，使用时应按编号顺序依次使用。

【思考与练习】
1. 试述电力电缆第一种工作票工作终结的规定。
2. 试述电力电缆第一种工作票工作票终结的规定。
3. 试述电力电缆第一种工作票工作票延期的规定。

模块 6 电力线路第二种工作票的填写（TYBZ03108006）

【模块描述】本模块介绍电力线路第二种工作票的填写要求、签发与接收、工作开始时间、工作完工时间、备注、盖章等内容，通过填写内容要点及要求讲解。掌握电力线路第二种工作票填写的内容及要求。

【正文】

一、电力线路第二种工作票的填写要求

1. 单位、班组

（1）单位：应填写参加工作班组的主管单位的名称。

（2）班组：应填写参加工作班组的全称。

2. 工作负责人

填写组织、指挥工作班人员安全完成工作票上所列工作任务的责任人员。工作负责人应由具有独立工作经验的人员担任。工作负责人应始终在工作现场，并对工作班人员安全进行认真监护。一个工作负责人只能发给一张工作票，在工作期间，工作票应始终保留在工作负责人手中。

3. 工作班人员

填写的工作班人员不包括工作负责人在内。

4. 工作任务

（1）线路或设备名称。应填写工作线路的电压等级、工作线路或设备名称，填写线路设备的名称编号及电压等级。

（2）工作地点、范围。架空线路工作填写线路起、止杆塔号。如果是在一段线路上工作，应填写××kV××线××号杆至××号杆。

（3）工作内容。应具体、明确的填写所进行工作的项目和计划安排的工作任务，对同一电压等级、同类型工作，可在数条线路上共用一张第二种工作票。

5. 计划工作时间

由于电力线路第二种工作票无工作延期规定，工作票签发人在考虑计划工作时间时，应根据实际工作需要填写计划工作时间，若在预订计划工作时间工作尚未完成，应将该工作票终结重新办理工作票。

6. 注意事项

应填写工作人员对带电体的安全距离、绝缘杆的有效长度。应填写具体数据。工作人员在杆上工作时，安全带要系在牢固的构件上，工作移位时，不得失去安全保护。工作人员登杆前应核对线路名称、杆号。工作人员登杆、下杆时要踩稳抓牢。工作地点设专人监护，应将监护人的姓名等内容填入此栏。

二、签发与接收工作票

1. 工作票签发人、工作负责人签名

工作票签发人将填好的工作票核对无误后，由工作票签发人在一式两联工作票上签名，并填写工作票签发时间。工作票签发人和工作负责人各持一联工作票，工作票签发人向工作负责人交代工作内容，当工作负责人对照电力线路第二种工作票进行认真核对，核对工作票无问题后，由工作负责人在一式两联工作票上签名，一式两联工作票的上联由工作票签发人持有，一式两联工作票的下联由工作负责人持有。

2. 工作班组人员签名

工作负责人带领工作班组全体人员到达工作现场后，应向全体工作人员交代工作票中所列工作任务、人员分工、带电部位及现场安全措施、计划工作时间，进行危险点告知，并询问是否有疑问，如果工作人员有疑问或没有听清楚，工作负责人有义务向其重申，直到清楚为止。工作班组全体人员确认工作负责人布置的任务和本工作项目安全措施交代清楚并确认无疑问后，工作班组全体人员应逐一在签名栏签名。

三、工作开始时间、工作完工时间

1. 工作开始时间

工作班组全体人员确认工作负责人布置的任务和本工作项目安全措施交代清楚并无疑问后在工作票上签名后。由工作负责人发出开始工作命令，由工作负责人填写工作开始时间，并在"工作负责人签名"栏签名。

2. 工作完工时间

工作结束后，全体工作人员撤离工作地点，材料工具已经清理完毕，工作现场无遗留物件等，由工作负责人填写工作完工时间，并在"工作负责人签名"栏签名。

四、备注

在工作票各栏中无法填写但需要注明的工作注意事项或其他需要强调的内容可以在"备注"栏中写明。

五、电力线路第二种工作票盖章

"已执行"章和"作废"章应盖在电力线路第二种工作票的编号上方,一式两联工作票应分别盖章。工作结束后工作负责人从现场带回工作票,向工作票签发人汇报工作情况,并交回工作票,工作票签发人认为无问题时,在一式两联工作票的编号上方分别盖上"已执行"章,然后将工作票收存。

电力线路第二种工作票的编号由各单位统一编号,使用时应按编号顺序依次使用。

电力线路第二种工作票格式参见模块(TYBZ03108011):电气工作票的填写实例。

【思考与练习】

1. 简述电力线路第二种工作票工作开始时间、工作完工时间的规定。

2. 简述电力线路第二种工作票盖章的规定。

3. 简述电力线路第二种工作票的填写注意事项。

模块 7　电力电缆第二种工作票的填写(TYBZ03108007)

【模块描述】本模块介绍电力电缆第二种工作票的填写要求、签发与接收、工作许可、延期、工作负责人变动情况、终结、备注、盖章等内容。通过填写内容要点及要求讲解,掌握电力电缆第二种工作票填写的内容及要求。

【正文】

一、电力电缆第二种工作票的填写要求

1. 单位、班组

(1)单位:应填写参加工作班组的主管单位的名称。

(2)班组:应填写参加工作班组的全称。

2. 工作负责人

填写组织、指挥工作班人员安全完成工作票上所列工作任务的责任人员。

3. 工作班人员

填写的工作班人员不包括工作负责人在内。

4. 工作任务

(1)电力电缆双重名称。应写明电力电缆的名称编号和电压等级,工作票上所写的电力电缆双重名称要与现场实际的电缆名称、标示牌相符。

（2）工作地点或地段。应填写工作的确切地点和工作范围内的地段，电力电缆工作要填写起、止电缆终端头号。电力电缆分线箱内工作还要写明分线箱的名称编号、色标以及电力电缆的电压等级。电力电缆设备的标示牌要与电网系统图、电缆走向图和电缆资料的名称一致。

（3）工作内容。填写该项目的工作内容，对一些有明确规定的项目，只填写该项目内容即可。

5. 计划工作时间

工作票签发人在考虑计划工作时间时，应根据实际工作需要填写计划工作时间。

6. 工作条件和安全措施

（1）工作条件：填写"停电"或"不停电"。

（2）安全措施：工作人员应使用合格的绝缘工具，工作人员工作前应核对电力电缆名称、编号，电力电缆分线箱的名称、编号、色标。工作人员进入现场工作要穿工作服，戴安全帽。工作地点应设专人监护，监护人的姓名也要填入此栏。

二、签发与接收工作票

1. 变电站电力电缆第二种工作票的签发与接收

工作票签发人填好工作票或由工作负责人填好工作票，应经工作票签发人审核无误，由工作票签发人在一式两联工作票的"工作票签发人签名"栏签名，并填写工作票签发时间。变电站运行值班负责人收到变电站电力电缆第二种工作票后，应对工作票的全部内容作仔细审查确认无问题后，按照工作票内容做好安全措施。除工作票签发人填写的安全措施外，工作许可人认为有必要对工作地点进行补充的安全措施和注意事项也要在"补充安全措施"栏中填写说明。

2. 非变电站电力电缆第二种工作票的签发与接收

工作票签发人将填好的工作票核对无误后，由工作票签发人在一式两联工作票上签名，并填写工作票签发时间。工作票签发人和工作负责人各持一联工作票，由工作票签发人向工作负责人交代工作内容，当工作负责人对照工作票进行认真核对，审查电力电缆第二种工作票并确认工作票内容无问题后，由工作负责人在一式两联工作票上签名，一式两联工作票的上联由工作票签发人持有，一式两联工作票的下联由工作负责人持有。

三、工作许可

1. 在线路上的电缆工作

由于填用电力线路第二种工作票，不需要履行工作许可手续，因此当工作负责人带领工作班组人员到达工作现场后，在确认电力电缆第二种工作票内容无问题，向全体工作人员交代工作票中所列工作任务、人员分工、工作条件及现场安全措施、计划工作时间，进行危险点告知，当工作班人员均无疑问时，由工作负责人在工作票中填写工作开始时间，工作负责人在填写工作开始时间时应注意工作开始时间应在计划工作时间之后。并将自己姓名填入"工作负责人签名"栏内，此时由工作负责人向工作班全体人员发出开始工作命令。

2. 在变电站或发电厂内的电缆工作

若进入变电站或发电厂工作，应经当值运行人员许可，工作负责人应确认变电站或发电厂运行值班人员所作的安全措施与工作票安全措施要求一致，工作地点相邻的带电或运行设备及提醒工作人员工作期间有关安全注意事项均已填写清楚。工作许可人会同工作负责人到现场，对照工作票指明工作任务、工作地点、带电部分以及注意事项，方可填写安全措施项所列措施中××部分已执行完毕，××部分填写发电厂或变电站、开关站、配电室。并填写许可开始工作时间。许可开始工作时间由工作许可人在工作现场填写。工作许可人在填写许可开始工作时间时应注意许可开始工作时间应在计划工作时间之后。工作许可人在一式两联工作票中"工作许可人签名"栏签名，工作负责人在一式两联工作票中"工作负责人签名"栏签名。

3. 工作班组人员签名

工作负责人带领工作班组全体人员到达工作现场后，应向全体工作人员交待工作票中所列工作任务、人员分工、工作条件及现场安全措施、计划工作时间、进行危险点告知等，并询问是否有疑问，如果工作人员有疑问或没有听清楚，工作负责人有义务向其重申，直到清楚为止。工作班组全体人员确认工作负责人布置的任务和本工作项目安全措施交待清楚并确认无疑问后，工作班组全体人员应逐一在"工作班组人员签名"栏签名。

四、工作票延期

在变电站或发电厂内的电缆工作负责人应在有效时间尚未结束以前向工作许可人提出延期申请，经同意后给予办理，由工作负责人将延期时间填在工作票"有效期延长到"栏内，在"工作负责人签名"栏内签名，并填入签名时间。由工作许可人填入同意延期申请的工作许可人签名栏，并填写签名时间，填写的签名时间、延期时间。

五、工作负责人变动情况

工作期间，若工作负责人因故长时间离开工作现场时，应由原工作票签发人变更工作负责人，履行变更手续，并告知全体工作人员及工作许可人，同时在工作票上填写离去和变更的工作负责人姓名，还应填写工作票签发人姓名以及工作负责人变动时间。

六、工作票终结

1. 在线路上的电缆工作

工作终结后，工作人员全部撤离工作现场，材料工具已经清理完毕，工作现场无遗留物件，由工作负责人在"工作票终结"栏内填写工作结束时间，并在"工作负责人签名"栏填写自己的姓名。

2. 在变电站或发电厂内的电缆工作

全部工作完毕后，工作班应清扫、整理现场。工作负责人应先周密地检查，待全体工作人员撤离工作地点，材料工具已经清理完毕，由工作负责人会同工作许可人一起检查电力电缆状态，工作现场有无遗留物件，是否清洁等，无问题后在工作票上填明发电厂或变电站、开关站、配电室工作结束时间。经双方签名后，工作票方告终结。

七、备注

在工作票各栏中无法填写但需要注明的工作注意事项或其他需要强调的内容可以在"备注"栏中写明。

八、电力电缆第二种工作票盖章

"已执行"章和"作废"章应盖在电力电缆第二种工作票的编号上方，一式两联工作票应分别盖章。在线路上的电缆工作，工作结束后工作负责人从现场带回工作票，向工作票签发人汇报工作情况，并交回工作票，工作票签发人认为无问题时，在一式两联工作票的编号上方分别盖上"已执行"章，然后将工作票收存。在变电站内的电缆工作，当工作结束后，工作票的下联由工作负责人带回到在单位盖章。上联工作票由工作许可人交运行值班负责人，并向其汇报工作情况，运行值班负责人认为无问题后，在工作票编号上方盖"已执行"章，并将工作票收存。

电力电缆第二种工作票的编号由各单位统一编号，使用时应按编号顺序依次使用。

【思考与练习】

1. 简述电力电缆第二种工作票中工作票延期的规定。
2. 简述电力电缆第二种工作票盖章的规定。
3. 简述电力电缆第二种工作票的填写注意事项。

模块 8　电力线路带电作业工作票的填写
（TYBZ03108008）

【模块描述】本模块介绍线路带电作业工作票的填写要求、现场勘察、签发与接收、工作许可及补充安全措施、工作班组人员签名、工作终结、备注、盖章等内容。通过填写内容要点及要求讲解，掌握电力线路带电作业工作票填写的内容及要求。

【正文】

一、线路带电作业工作票的填写要求

1. 单位、班组

（1）单位：应填写线路带电作业工作班组的主管单位的名称。

（2）班组：应填写线路带电作业工作班组的全称。

2. 工作负责人

填写组织、指挥工作班人员安全完成工作票上所列工作任务的责任人员。

3. 工作班人员

填写的工作班人员不包括工作负责人在内。

4. 工作任务

（1）线路或设备名称。应填写带电作业工作线路的电压等级、带电作业工作线路的名称，填写带电作业线路设备的名称、编号及电压等级。

（2）工作地点、范围。架空线路工作填写线路起、止杆塔号。如果是在一段线路上工作，应填写××kV ××线××号杆至××号杆。

（3）工作内容。应具体、明确的填写所进行带电作业工作的项目和计划安排的工作任务。

5. 计划工作时间

根据实际工作需要填写计划工作时间，若在预定计划工作时间工作尚未完成，应将该工作票终结重新办理工作票。

6. 停用重合闸线路

对于有必要停用重合闸的线路，应填写线路双重名称，还要填写线路所在变电站或发电厂名称。

7. 工作条件

对于带电作业的工作条件可以分成"等电位、中间电位、地电位作业、邻近带电设备"几类填写。对于带电体的电位与人体的电位相等的带电作业，在此栏中填"等电位"。对于作业人员通过两部分绝缘体，分别与接地体和带电体，隔开的带电作业，在此栏中填"中间电位"。

8. 注意事项

应填写由工作负责人在带电作业工作开始前，与调度值班员联系。需要停用重合闸的作业，应由调度值班员履行许可手续。带电作业结束后应及时向调度值班员汇报。对于中性点有效接地的系统中有可能引起单相接地的作业、中性点非有效接地的系统中有可能引起相间短路的作业等内容要填入此栏。禁止约时停用或恢复重合闸也要在此栏中填写。进行地电位带电作业时，人身与带电体间的安全距离要求都在此栏中注明。绝缘操作杆、绝缘承力工具和绝缘绳索的有效绝缘长度也要在此栏中注明。在市区或人口稠密的地区进行带电作业时，工作现场应设置围栏，派专人监护，禁止非工作人员入内等措施要在此栏中写明。等电位作业时，应在此栏中填写作业人员要穿合格的全套屏蔽服，各部分应连接良好。屏蔽服内还应穿着阻燃内衣。禁止通过屏蔽服断、接接地电流、空载线路和耦合电容器的电容电流。带电断、接空载线路时，应在确认线路的另一端断路器和隔离开关确已断开，接入线路侧的变压器、电压互感器确已退出运行后，方可进行。上杆前，应先分清相、零线，选好工作位置；断开导线时，应先断开相线，后断开零线；搭接导线时，顺序应相反等措施填入此栏。

二、带电作业工作的现场勘察

带电作业工作票签发人或工作负责人认为必要时，应组织有经验的人员到现场勘察，根据勘察结果作出能否进行带电作业的判断，并确定作业方法和所需工具以及应采取的措施。

三、签发与接收工作票

工作票签发人将填好的工作票核对无误后，由工作票签发人在一式两联工作票上签名，并填写工作票签发时间。工作票签发人和工作负责人各持一联工作票，由工作票签发人向工作负责人交待工作内容，当工作负责人对照工作票进行认真核对，审查带电作业工作票并确认工作票各项填写内容无问题后，由工作负责人在一式两联工作票上签名。

四、工作许可及补充安全措施

1. 工作许可

带电作业工作开始前，工作负责人应与调度值班员联系。需要停用重合闸的作业，应由调度值班员履行许可手续，办理完毕许可手续后，由工作负责人将许可人姓名填入"调度许可人"栏内，并在"工作负责人签名"栏内填入自己姓名。带电作业应设专责监护人，由工作负责人指定×××为专责监护人，并将其姓名写入工作票中，再由指定的专责监护人在工作票上签名。

2. 补充安全措施

工作许可前，工作许可人认为有必要补充的安全措施也要通知工作负责人在此栏中写明。

五、工作班组人员签名

工作负责人带领工作班组全体人员到达工作现场后，应向全体工作人员交待工作票中所列工作任务、人员分工、带电部位及现场安全措施、计划工作时间，进行危险点告知，并询问是否有疑问，如果工作人员有疑问或没有听清楚，工作负责人应向其重申，直到清楚为止。工作班组全体人员确认工作负责人布置的任务和本施工项目安全措施交待清楚并确认无疑问后，工作班组全体人员应逐一在签名栏签名。

六、工作终结

带电作业结束后由工作负责人及时向调度值班员汇报，并将调度值班员姓名填入工作票"工作终结汇报调度许可人"栏中，工作负责人在签名栏签名后，再填写工作终结时间。

七、线路带电作业工作票盖章

"已执行"章和"作废"章应盖在线路带电作业工作票的编号上方，一式两联工作票应分别盖章。工作结束后工作负责人从现场带回工作票，向工作票签发人汇报工作情况，并交回工作票，工作票签发人认为无问题时，在一式两联工作票的编号上方分别盖上"已执行"章，然后将工作票收存。

线路带电作业工作票的编号由各单位统一编号，使用时应按编号顺序依次使用。

【思考与练习】

1. 简述电力线路带电作业工作票盖章的规定。
2. 简述电力线路带电作业工作票工作终结的规定。
3. 简述电力线路带电作业工作票工作许可的规定。

模块 9　低压第一种工作票的填写（TYBZ03108009）

【模块描述】本模块依据《国家电网公司电力安全工作规程》，介绍低压第一种工作票的填写要求、签发、开工和收工许可、工作班成员签名、工作终结、需记录备案内容、盖章等内容（附线路走径示意图）。通过填写内容要点及要求讲解，掌握低压第一种工作票填写的内容及要求。

【正文】

一、低压第一种工作票的填写要求

1. 工作单位及班组

填写完成低压第一种工作票上所列工作的班组及主管单位的名称，几个工作班组合用一张工作票时，要写明全部工作班组名称。

2. 工作负责人

填写带领全体工作人员安全完成低压第一种工作票上所列工作任务的总负责人，低压第一种工作票中除注明外均由工作负责人填写。

3. 工作班成员

应填写参与该工作的全体工作班成员的姓名，共几人包括工作负责人在内的所有工作人员总数。

4. 停电线路、设备名称

单回线路应写明停电线路名称及所属的配电台区或配电室名称。若系同杆架设多回线路，应填写停电线路的双重称号。

5. 工作地段

应填写施工、检修范围内的地段，既要写明停电低压设备所属配电台区或配电室名称又要写明线路杆号或设备编号。

6. 工作任务

应明确填写所进行的工作任务，并写明停电低压设备所属配电台区的配电室名称。对一些有明确规定的项目，只填写该项目的名称。

7. 应采取的安全措施

（1）填写需要配电室中低压电气设备采取的安全措施。

（2）填写在低压线路或低压电气设备上装设的接地线。

（3）填写配电室门锁住，门锁钥匙由工作许可人保管。

（4）填写安全标示牌的情况：

1）一经合闸即可送电到工作地点的开关、刀开关。已停用的设备，一经合闸即可启动并造成人身触电危险、设备损坏。一经合闸会使两个电源系统并列，或引起反送电的开关、刀开关操作把手上悬挂"禁止合闸，有人工作！"安全标示牌。

2）运行设备周围的固定遮栏上，检修、施工地段附近带电设备的遮栏上，电气施工禁止通过的过道遮栏上，低压设备做耐压试验的周围遮栏上，配电室外工作地点的围栏上，配电室外架构上，工作地点邻近带电设备的横梁上悬挂"止步，有电危险！"安全标示牌。

3）工作人员或其他人员可能误登的电杆或配电变压器的台架，距离线路或变压器较近，有可能误攀登建筑物的场所悬挂"禁止攀登，有电危险！"标示牌。

8. 保留的带电线路和带电设备

填写工作地段平行带电线路、交叉带电线路或其他带电设备的电压等级和名称，填写在配电室外工作线路与带电线路相邻处的起止杆号。填写工作地段与停电设备相邻的带电设备名称、编号。当断开的设备一侧带电，一侧无电时，该电气设备应视为带电设备并在此栏中注明。对于断开的开关，由于开关触头在开关内，无明显断开点，则开关下侧所装熔断器或刀开关同样视为带电设备并在此栏中注明。没有保留的带电线路或带电设备，在此栏中填"无"。

9. 应挂的接地线

填写由工作班组在检修设备的工作地点两端导体上悬挂的接地线。凡有可能送电到停电检修设备上的各个方面的线路都要装设接地线。应挂接地线的上栏填入装设接地线的确切位置。应挂接地线的下栏填入装设接地线的编号。

10. 补充安全措施

（1）工作负责人应填内容：工作负责人填写此栏的内容为，在安全措施栏内没有此项内容但要求工作班成员必须注意的安全事项，以及完成此项工作应采取的重大技术措施，应注意的问题等，由工作负责人填写在此栏中。

（2）工作票签发人应填写内容：填写工作票中遗漏的或需要补充的个别项目。

（3）工作许可人应填写内容：填写认为工作票中需要补充的个别项目措施和注意事项。

二、工作票签发

工作票签发人接到工作负责人填好的低压第一种工作票，认真审查无问题后在一式两联工作票上签名并填入签发时间。对复杂工作或对安全措施有疑问时，应及时到现场进行核查，并在开工前一天把工作票交给工作负责人。工作票签发后，工作票签发人在工作票登记簿上登记。由于工作票应提前一天送交工作许可人，工作票签发必须在工作的前一天完成。

三、开工和收工许可

当工作许可人将布置的安全措施和注意事项交待给工作负责人，并由工作负责人核对无误后，工作负责人方可与工作许可人分别在一式两联工作票上签名，工作许可人在一式两联工作票上填写工作开工时间后，工作许可人即可发出许可工作的命令。收工后，工作许可人和工作负责人应分别在一式两联工作票上签名，工作许可人在一式两联工作票上写明工作收工时间。每天开工与收工，均应履行工作票中"开工和收工许可"手续，每天工作结束后工作负责人应将工作票交给工作许可人。次日开工时，工作许可人与工作负责人履行完开工手续后，工作许可人再将工作票交还工作负责人。

四、工作班成员签名

工作负责人接到工作许可命令后，应向全体工作人员交待工作票中所列工作地段、工作任务、现场安全措施完成情况、带电部位和其他注意事项，并询问是否有疑问，如果工作人员有疑问或没有听清楚，工作负责人应向其重申，直到清楚为止。工作班全体成员确认无疑问后，工作班成员应逐一在签名栏签名。

五、工作终结

工作许可人接到工作结束的报告后，应会同工作负责人到现场检查验收工作任务完成情况，确认现场已清理完毕，工作人员已全部离开现场，工作现场已无缺陷和遗留物件后，由工作许可人在工作票上填写工作终结时间，工作负责人与工作许可人分别在工作票上签字后，工作票方告终结。

六、需记录备案内容

填写工作中需要记录备案的情况。工作中使用的民工人数及带领民工的人员，工作时指定的专责监护人、看守人姓名及任务等要填入此栏。一个工作班组使用一份工作票在不同地点分组工作时，各小组为了保证安全，工作负责人可以指定各个工作小组的监护人，指定各个工作小组监护人的情况应填入此栏。宣读工作票时填写的"需记录备案内容"一并宣读。

七、附线路走径示意图

应绘出工作线路所属配电台区的配电室、停电线路、工作地段的名称、杆号、实际线路以及工作地段交跨、平行的线路、道路、河流的名称、位置。同时应画出所作安全措施的位置等。

八、低压第一种工作票盖章

"已执行"章和"作废"章应盖在低压第一种工作票的编号上方，一式两联工作票应分别盖章。工作结束后工作负责人从现场带回工作票，向工作票签发人汇报工作情况，并交回工作票，工作票签发人认为无问题后，在一式两联工作票的编号上方分别盖上"已执行"章，然后将工作票收存。

低压第一种工作票的编号由各单位统一编号，使用时应按编号顺序依次使用。

【思考与练习】

1. 简述低压第一种工作票工作终结的规定。
2. 简述低压第一种工作票盖章的规定。
3. 简述低压第一种工作票的填写注意事项。

模块 10 低压第二种工作票的填写（TYBZ03108010）

【模块描述】本模块依据《国家电网公司电力安全工作规程》，介绍低压第二种工作票的填写要求、签发、现场补充安全措施、备注、工作班成员签名、工作终结、需记录备案内容、盖章等内容（附线路走径示意图）。通过填写内容要点及要求讲解，掌握低压第二种工作票填写的内容及要求。

【正文】

一、低压第二种工作票的填写要求

1. 工作单位

填写完成工作票上所列工作的班组及主管单位的名称，几个工作班组合用一张工作票时，要写明全部工作班组名称。

2. 工作负责人

填写带领全体工作人员安全完成工作票上所列工作任务的总负责人，工作票中除注明外均由工作负责人填写。

3. 工作班成员

应填写参与该工作的全体工作班成员的姓名，共几人包括工作负责人在内的所有工作人员总数。

4．工作任务

应明确填写所进行工作任务，还应写明带电工作设备所属配电室和配电台区的名称。

5．工作地点与杆号

应填写工作现场实际工作位置及设备名称、编号填写工作现场线路名称和杆号。

6．注意事项

（1）低压间接带电作业需注意的事项和安全措施。进行间接带电作业时，作业范围内电气回路的剩余电流动作保护器必须投入运行。低压间接带电工作时应设专人监护，工作中对监护人的具体要求也要在此栏中写明。工作人员在工作中必须穿着长袖衣服和绝缘鞋、戴绝缘手套，使用有绝缘手柄的工具。在带电的低压配电装置上工作时，应采取防止相间短路和单相接地短路的隔离措施等。

（2）带电测量需注意的事项和安全措施。测量电压、电流时，应戴线手套或绝缘手套，手与带电设备的安全距离应保持在 100mm 以上，人体与带电设备应保持足够的安全距离等应填入此栏。

（3）使用钳形电流表需注意的事项和安全措施。使用钳形电流表时，应注意钳形电流表的电压等级和电流值档位。测量时，应戴绝缘手套，穿绝缘鞋。观测数值时，要特别注意人体与带电设备保持足够的安全距离等。

（4）使用万用表需注意的事项和安全措施。测量时，应确认转换开关、量程、表笔的位置正确等。

二、工作票签发

1．工作票签发人

工作票签发人接到工作负责人已填好的工作票，应认真审查无问题后，在"工作票签发人"栏中签名并填写签发时间。

2．工作负责人

（1）开工。工作负责人在得到工作许可人发出许可工作命令后，在一式两联工作票上写明工作开工时间并签名。

（2）终结。工作负责人在工作终结后，向工作许可人报告上作结束，并会同工作许可人到现场检查工作完成情况，确无问题和缺陷后，在一式两联工作票上写明工作终结时间并签名。

3．工作许可人

（1）开工。工作许可人在一式两联工作票上写明工作开工时间并签名后，工作许可人即可向工作负责人发出许可工作的命令。

（2）终结。工作许可人接到工作结束的报告后，应会同工作负责人到现场检查工作完成情况，确无问题和遗留的物件后，工作许可人在一式两联工作票上写明工作终结时间并签名。

三、现场补充安全措施

1. 工作负责人应填写的内容

工作负责人在填写工作票时，在安全措施栏内没有包括而要求工作班成员必须注意的安全事项，以及完成此项工作应采取的安全措施的具体要求和应注意的问题。

2. 工作许可人应填写的内容

填写认为工作票中需要补充的个别项目措施和注意事项。

四、备注

由于低压第二种工作票无工作负责人变更和工作票延期栏，当遇到此种情况时在得到工作票签发人和工作许可人同意后，由工作负责人将情况填入此栏。对于更换工作负责人，在得到工作许可人和工作票签发人同意后，应将更换理由、批准人、更换时间、许可人签名、新替换的工作负责人签名等内容填入此栏。

五、工作班成员签名

工作负责人接到工作许可命令后，应向全体工作人员交待工作票中所列工作地点、工作任务、安全措施、带电部位和注意事项，并询问是否有疑问。工作班全体成员确认无疑问后，工作班成员应逐一在签名栏签名。

六、低压第二种工作票盖章

"已执行"章和"作废"章应盖在低压第二种工作票的编号上方，一式两联工作票应分别盖章。工作结束后工作负责人从现场带回工作票，向工作票签发人汇报工作情况，并交回工作票，工作票签发人认为无问题后，在一式两联工作票的编号上方分别盖上"已执行"章，然后将工作票收存。

低压第二种工作票的编号由各单位统一编号，使用时应按编号顺序依次使用。

【思考与练习】

1. 简述低压间接带电作业需注意的事项和安全措施。

2. 简述低压第二种工作票盖章的规定。

3. 简述低压第二种工作票的填写注意事项。

模块 11　电气工作票的填写实例（TYBZ03108011）

【模块描述】本模块介绍电力线路第一种和第二种工作票的填写实例。通过案例分析，掌握电气工作票填写的内容及要求。

【正文】
一、电力线路第一种工作票实例

电力线路第一种工作票

单位＿＿＿＿＿＿＿＿＿＿　　　编号＿＿＿＿＿＿

1. 工作负责人（监护人）周××　　班组＿＿＿＿＿＿＿＿＿

2. 工作班人员（不包括工作负责人）

张××，刘××，徐××，王××，李××等共＿12＿人

3. 工作的线路或设备双重名称（双回路应注明双重称号）

10kV 金源线停电，位置在下线，色标为蓝色。

4. 工作任务

工作地点或地段（注明分、支线路名称、线路的起止杆号）	工 作 内 容
10kV 金源线 10 号杆至 45 号杆	对 10kV 金源线 32 杆 32 分段断路器、32-1 隔离开关、32-2 隔离开关检修预试
	10kV 金源线 14 号杆横担消缺工作
	对 10kV 金源线 26 号杆更换绝缘子
	对 10kV 金源线 10 号杆至 45 号杆耐张杆登杆检查

5. 计划工作时间

自＿＿年＿月＿日＿时＿分

至＿＿年＿月＿日＿时＿分

6. 安全措施（必要时可附页绘图说明）

6.1　应改为检修状态的线路间隔名称和应拉开的断路器（开关）、隔离开关（刀闸）、熔断器（包括分支线、用户线路和配合停电线路）：

应拉开 110kV 光荣变电站 10kV 金源线 65 断路器、65-1 隔离开关、65-3 隔离开关，在 65-3 隔离开关线路侧装设接地线，在 65-3 隔离开关操作把手上悬挂"禁止合闸，有人工作！"标示牌。应拉开 10kV 金源线 32 分段断路器、32-1 隔离开关、32-2 隔离开关。

6.2　保留或邻近的带电线路、设备：

10kV 水源线、10kV 硅谷线、10kV 机场线均带电。

6.3　其他安全措施和注意事项：

（1）工作负责人必须在接到工作许可人许可工作命令后，工作人员方可在监护人的监护下在 10kV 金源线 10 号杆线路验电确无电压，装设 1 号接地线，在 10kV 金源线 45 号杆线路验电确无电压，装设 2 号接地线。工作人员确已知道工作地段接地线装设好并接到工作负责人当面许可后，

方可开始工作。

（2）由于 10kV 金源线 45 号杆与带电的 10kV 机场线 21 号杆邻近，工作时必须派专人监护，监护人：周××。

（3）由于停电的 10kV 金源线 10 号杆至 20 号杆线路（位置在下线）与带电的 10kV 硅谷线线路（位置在右上线）、带电的 10kV 水源线线路（位置在左上线）同杆架设，因此 10kV 金源线 14 号杆横担消缺工作时，必须派专人监护，监护人：张××。

（4）10kV 金源线线路图见图 TYBZ03108011-1。

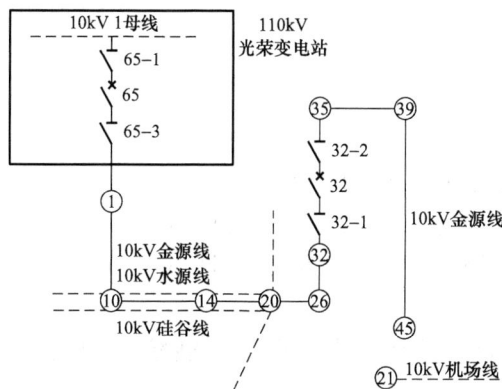

图 TYBZ03108011-1 10kV 金源线线路图

6.4 应挂的接地线

线路名称及杆号	10kV 金源线 10 号杆	10kV 金源线 45 号杆			
接地线编号	1 号接地线	2 号接地线			

工作票签发人签名　郭××　　____年__月__日__时__分

工作负责人签名　周××　　____年__月__日__时__分收到工作票

7. 确认本工作票 1~6 项，许可工作开始

许可方式	许可人	工作负责人签名	许可工作的时间
电话	王××	周××	年　月　日　时　分
			年　月　日　时　分
			年　月　日　时　分

8. 确认工作负责人布置的工作任务和安全措施

工作班组人员签名：

模块 11

TYBZ03108011

_____

_____

9. 工作负责人变动情况

原工作负责人_____离去，变更_____为工作负责人。

工作票签发人签名 郭×× ___年__月__日__时__分

10. 工作人员变动情况（变动人员姓名、日期及时间）

_____

_____

_____

工作负责人签名 周××

11. 工作票延期

有效期延长到___年__月__日__时__分

工作负责人签名 周×× ___年__月__日__时__分

工作许可人签名 王×× ___年__月__日__时__分

12. 工作票终结

12.1 现场所挂的接地线编号 1号接地线、2号接地线 共__2__组，已全部拆除、带回。

12.2 工作终结报告

终结报告的方式	许可人	工作负责人签名	终结报告时间
电话	刘××	周××	年 月 日 时 分
			年 月 日 时 分
			年 月 日 时 分

13. 备注

（1）指定专责监护人_____ 负责监护_____

_____（人员、地点及具体工作）

（2）其他事项_____

二、电力线路第二种工作票实例

电力线路第二种工作票

单位_____ 编号_____

1. 工作负责人（监护人）浦×× 班组_____

2. 工作班人员（不包括工作负责人）

袭××，邓××，董××等共 4 人

3. 工作任务

线路或设备名称	工作地点、范围	工作内容
10kV 城西线	10kV 城西线 64 号杆	10kV 城西线 64 号杆配电台区跌落式熔断器带电接三相引线工作

4. 计划工作时间

自＿＿年＿月＿日＿时＿分

至＿＿年＿月＿日＿时＿分

5. 注意事项（安全措施）

(1) 工作前工作负责人应与调度值班员联系，停用 10kV 城西线重合闸装置后，方可工作。工作结束后，汇报调度。

(2) 带电断、接空载线路时，应采取防止引流线摆动的措施。

(3) 工作地点设专人监护，监护人：浦××。

工作票签发人签名肖××　　＿＿年＿月＿日＿时＿分

工作负责人签名浦××　　＿＿年＿月＿日＿时＿分

6. 确认工作负责人布置的工作任务和安全措施

工作班组人员签名：

_____

_____

_____

7. 工作开始时间：＿＿年＿月＿日＿时＿分　　工作负责人签名浦××

工作完工时间：＿＿年＿月＿日＿时＿分　　工作负责人签名浦××

8. 工作票延期

有效期延长到＿＿年＿月＿日＿时＿分

9. 备注

_____

_____

【思考与练习】

1. 如图 TYBZ03108011-1 所示，试写出对 10kV 金源线 32 杆 32 分段断路器、32-1 隔离开关、32-2 隔离开关检修预试的工作票。

2. 试写出 10kV 城西线 64 号杆配电台区跌落式熔断器带电接三相引线工作的工作票。

第九章 电气工作票使用及管理规定

模块 1 变电站工作票的使用 (TYBZ03109001)

【模块描述】本模块介绍工作票的使用范围、在变电站内电气设备上的工作方式、变电站第一种和第二种工作票的执行规定、工作票的保存等内容。通过概念解释、步骤及要点讲解，掌握变电站工作票使用的内容及要求。

【正文】

一、工作票的使用范围

（一）变电站第一种工作票的使用范围

（1）高压设备上工作需要全部停电或部分停电者。

（2）二次系统和照明等回路上的工作，需要将高压设备停电者或做安全措施者。

（3）高压电力电缆需停电的工作等。

（二）变电站第二种工作票的使用范围

（1）二次系统和照明等回路上的工作，无需将高压设备停电者或做安全措施者。

（2）大于规定的安全距离的相关场所和带电设备外壳上的工作以及无可能触及带电设备导电部分的工作。

（3）高压电力电缆不需停电的工作等。

（三）填用带电作业工作票的工作

二、在变电站内电气设备上的工作方式

在变电站内电气设备上工作，按以下方式进行：

（1）填用变电站（发电厂）第一种工作票。

（2）填用电力电缆第一种工作票。

（3）填用变电站（发电厂）第二种工作票。

（4）填用电力电缆第二种工作票。

（5）填用变电站（发电厂）带电作业工作票。

（6）填用变电站（发电厂）事故应急抢修单。

三、变电站第一种工作票的执行规定

（一）填写变电站第一种工作票

工作票由工作负责人填写，也可以由工作票签发人填写。变电站第一种工作票填写完后，应经过认真审查，无问题后，由工作票签发人在一式两联的工作票上签名，并记录。

（二）工作票签发人签发变电站第一种工作票

工作票填写后应交工作票签发人审核，无误后由工作票签发人在一式两联工作票上签名，工作票签发人按照工作票所填内容逐项向工作负责人进行全面交待，并对工作票填写内容的正确性负责。

（三）送交和接受变电站第一种工作票

变电站第一种工作票应在工作前一日预先送达运行人员。变电站运行值班负责人收到工作票后，应对工作票的全部内容作仔细审查，特别是安全措施是否符合现场实际情况，确认无问题后，填写收到工作票时间并签名。经过对工作票仔细审查确认无误后，变电站运行值班负责人接收工作票，由运行值班负责人在工作票中填入收到工作票时间并签名。

（四）布置安全措施

变电站运行人员根据调度值班员、变电站运行值班负责人的命令和工作票中安全措施的要求，进行倒闸操作后，布置安全措施。

（五）工作许可

工作许可人会同工作负责人到现场再次检查所做的安全措施，确认检修设备确无电压。并检查所做的安全措施与工作要求的安全措施对应情况，指明工作地点保留的带电部位和其他安全注意事项后，证明检修设备确无电压。双方认为无问题后，由工作许可人填上许可开始工作时间后，工作许可人、工作负责人分别在工作票上签名。

（六）工作开工

工作票许可手续完成后，工作负责人带领全体工作班成员进入工作现场，工作负责人、专责监护人向工作班成员交待工作内容、人员分工、带电部位和现场安全措施，进行危险点告知，并履行确认手续。工作负责人确认全体工作班成员对所交代的事项和工作安排已全部明确后，方可下达开工命令。

（七）工作监护

工作负责人、专责监护人应始终在工作现场，对工作班人员的安全认真监护，及时纠正不安全的行为。对于在布置复杂的电气设备上工作，或在一个电气连接部分进行检修、预防性试验等多专业协同工作时，工作负责人应认真监护、不得参与工作。工作负责人在全部停电时，可以参加工作班工作。在部分停电时，只有在

安全措施可靠，人员集中在一个工作地点，不致误碰有电部分的情况下，方能参加工作。

（八）工作人员变动

1. 工作负责人变动

非特殊情况不得变更工作负责人，若工作负责人应长时间离开工作的现场时，应由原工作票签发人变更工作负责人，履行的变更手续为变更工作负责人应经工作票签发人同意并通知原工作负责人、现工作负责人和工作许可人，工作人员暂停工作。

2. 工作人员变动

因工作任务或其他原因需增加、减少、变更工作班组成员时，需经工作负责人同意，在对新工作人员进行安全交底手续后，方可进行工作，并将变更情况通知工作许可人并在工作票中注明工作人员变动情况。

（九）工作间断和转移

1. 工作间断

工作间断时，工作班人员应从工作现场撤出，所有安全措施保持不动，工作票仍由工作负责人收存，间断后继续工作，无需通过工作许可人。每日收工，应开放已封闭的通道，并将工作票交回工作许可人。次日复工时，应得到工作许可人的许可，取回工作票，工作负责人应重新认真检查安全措施是否符合工作票的要求，并召开现场开工会后，方可工作。

2. 工作转移

在同一电气连接部分用同一工作票依次在几个工作地点转移工作时，全部安全措施由运行人员在开工前一次做完，不需再办理转移手续。

（十）工作票延期

检修工作如果在规定的计划工作时间内因故等不能准时完工，应在工期尚未结束以前由工作负责人向运行值班负责人提出申请，再由运行值班负责人向调度值班员提出停电时间延期的要求。运行值班负责人在得到调度值班员的批准通知后，方可将延期时间填在工作票上，由运行值班负责人通知工作许可人给予办理，此后工作许可人、工作负责人双方分别在工作票上签名，并分别填写延期时间后执行。

（十一）工作终结

全部工作完毕后，工作负责人应先周密地检查，待全体工作人员撤离工作地点后，再向运行人员交代所检修项目、发现的问题、试验结果和存在问题等，会同工作许可人一起到现场检查检修设备状况，确认临时措施已拆除，已恢复到工作开始状态，场地无遗留物件等。待工作许可人按照检修内容，工艺标准及工作负责人介绍的情况逐条核对验收、检查无问题后，由工作负责人在工作票上填写工作结束时间，并与工作许可人分别签名，即为工作终结。

（十二）工作票终结

工作票办理工作终结后，变电站运行人员按照调度命令拆除工作票中全部接地线。待工作票上的临时遮栏已拆除，标示牌已取下，已恢复常设遮栏，未拆除的接地线、接地开关已汇报调度，工作许可人在一式两联工作票上签名并填写工作票终结时间。工作票方告终结。

四、变电站第二种工作票的执行规定

变电站第二种工作票应在进行工作的当天预先交给变电站值班人员。

五、变电站工作票的保存

已使用过的变电站第一种工作票、电力电缆第一种工作票、变电站第二种工作票、电力电缆第二种工作票、变电站带电作业工作票、变电站事故应急抢修单保存期为一年。

【思考与练习】

1. 简述变电站第一种工作票的使用范围。

2. 简述变电站第二种工作票的使用范围。

3. 试述变电站第一种工作票的执行规定。

模块 2 电力线路工作票的使用（TYBZ03109002）

【模块描述】本模块介绍使用范围、工作方式、电力线路第一种和第二种工作票的执行规定、工作票保存等内容。通过概念解释、步骤及要点讲解，掌握电力线路工作票使用的内容及要求。

【正文】

一、电力线路工作票的使用范围

1. 第一种工作票的使用范围

（1）在停电的线路或同杆（塔）架设多回线路中的部分停电线路上的工作；

（2）在全部或部分停电的配电设备上的工作；

（3）高压电力电缆停电的工作。

2. 第二种工作票的使用范围

（1）带电线路杆塔上的工作；

（2）在运行中的配电设备上的工作；

（3）高压电力电缆不需停电的工作。

二、在电力线路上的工作方式

在电力线路上工作，按以下方式进行：

（1）填用电力线路第一种工作票；

（2）填用电力电缆第一种工作票；

（3）填用电力线路第二种工作票；

（4）填用电力电缆第二种工作票；

（5）填用电力线路带电作业票；

（6）填用电力线路事故应急抢修单。

三、电力线路第一种工作票的执行规定

1. 现场勘察

现场勘察应查看现物施工（检修）作业需要停电的范围、保留的带电部位和作业现场的条件、环境及其他危险点等。

2. 确定工作负责人及工作人员

主管检修工作的单位依据工作计划或命令，按照工作具体情况确定熟悉设备并了解现场情况的人员担任该项工作的工作负责人。并对工作负责人进行安全措施交底，明确工作任务、工作地点、工作要求和安全措施。

3. 电力线路工作票的使用

第一种工作票，每张只能用于一条线路或同一个电气连接部位的几条供电线路或同（联）杆塔架设且同时停送电的几条线路。

4. 工作票的填写与签发

工作票应使用黑色或蓝色的钢（水）笔或圆珠笔填写与签发，一式两份，内容应正确，填写应清楚，不得任意涂改。如有个别错、漏字需要修改，应使用规范的符号，字迹应清楚。

用计算机生成或打印的工作票应使用统一的票面格式，由工作票签发人审核无误，手工或电子签名后方可执行。

工作票一份交工作负责人，一份留存工作票签发人或工作许可人处。工作票应提前交给工作负责人。

一张工作票中，工作票签发人和工作许可人不得兼任工作负责人。

工作票由工作负责人填写，也可由工作票签发人填写。

工作票由设备运行管理单位签发，也可由经设备运行管理单位审核合格且经批准的修试及基建单位签发。修试及基建单位的工作票签发人、工作负责人名单应事先送有关设备运行管理单位备案。

承发包工程中，工作票可实行"双签发"形式。签发工作票时，双方工作票签发人在工作票上分别签名，各自承担本规程工作票签发人相应的安全责任。

5. 工作票的送交和接收

属于计划工作的，电力线路第一种工作票应在工作的前一天送交许可工作的部

门。经许可人审查无误后，签名并填写收到工作票时间。

6. 工作许可

对工作负责人直接向调度办理工作票的线路停电工作，由调度值班员根据工作票安全措施的要求及时向相关发电厂、变电站及用户端下达操作任务和操作命令，当相关发电厂、变电站及用户端完成工作票所要求的安全措施并汇报调度值班员后，由调度工作许可人通知工作负责人，在得到调度值班员许可工作的命令后工作人员方可对停电设备验电，确无电压后装设接地线，然后布置开工。对于线路工区停送电联系人统一向调度申请办理停、送电联系的线路工作，由调度根据工作票安全措施的要求及时向相关发电厂、变电站及用户端下达操作任务和操作命令，当相关发电厂、变电站及用户端完成工作票所要求的安全措施并汇报调度后，由调度工作许可人通知线路停送电联系人，再由停、送电联系人负责通知工作负责人，下达许可工作命令，工作负责人在得到线路停送电联系人的许可命令后，方可在停电设备上验电，确无电压后装设接地线，然后布置开工。对直接由工作负责人到现场组织工作班人员进行部分干线和分支线倒闸操作的工作，工作负责人在得到线路工区值班员的许可后，在完成停电操作，并在停电设备上验电，确无电压后装设接地线，工作负责人对全部安全措施进行检查，认为符合工作票要求后，方可布置开工。对直接在现场许可的停电工作，工作许可人和工作负责人应在工作票上记录许可时间，并签名。

7. 工作开工

工作负责人得到工作许可人的许可工作命令后，带领工作人员进入工作现场。开工前，工作负责人应根据工作票的要求组织工作班人员完成现场的安全措施，工作负责人、专责监护人向工作班成员交待工作内容、人员分工、带电部位和现场安全措施、进行危险点告知，并履行确认手续，工作班成员方可开始工作。

8. 工作监护

工作票签发人和工作负责人，对有触电危险、施工复杂容易发生事故的工作，应增设专责监护人和确定被监护的人员，确保工作班全体成员始终处于监护之下进行工作。专责监护人不得兼做其他工作。专责监护人临时离开时，应通知被监护人员停止工作或离开工作现场，待专责监护人回来后方可恢复工作。若工作负责人因故长时间离开工作的现场时，应由原工作票签发人变更工作负责人，履行变更手续，并告知全体工作人员及工作许可人。

9. 工作间断

白天工作间断时，工作地点的全部接地线仍保留不动。如果工作班需要暂时离开工作地点，则应采取措施和派人看守。恢复工作前，应检查接地线等各项安全措施完整无缺。填写数日内工作有效的电力线路第一种工作票，每日收工时如果将工作地点所装设接地线拆除，次日恢复工作前应重新验电，装设接地线，再开始工作，同时须将每日装、拆接地线的操作人和时间，记入电力线路第一种工作票的备注栏内。如果经调度批准夜间不送电的线路，工作地点的接地线可以不拆除，但次日恢复开工前应派人检查确认安全措施完好后，方可开始工作。

10. 工作票有效期与延期

第一种工作票的有效时间，以批准的检修期为限。工作负责人对工作票所列工作任务确认不能按批准期限完成，第一种工作票需办理延期手续，应在有效时间尚未结束以前由工作负责人向工作许可人提出申请，经同意后给予办理。由工作负责人将延长时间填在工作票延期栏内，工作负责人和工作许可人还应在延期栏内分别签名，并填写延期时间。

11. 工作终结和恢复送电

工作结束后，工作负责人应检查线路检修地段的状况，确认在杆塔上、导线上、绝缘子串上及其他辅助设备上没有遗留的个人保安线、工具、材料等，查明全部工作人员确由杆塔上撤下后，再命令拆除工作地段所挂的接地线。此时工作负责人应及时报告工作许可人，多个小组工作，工作负责人应得到所有小组负责人工作结束的汇报后方可报告工作许可人。工作许可人在接到所有工作负责人的完工报告，并确认全部工作已经完毕，所有工作人员已由线路上撤离，接地线已经全部拆除，方可下令拆除各侧安全措施，向线路恢复送电。

12. 结束工作票

工作负责人带回工作票以后，应向工作票签发人汇报工作情况，并交回工作票，工作票签发人认为无问题时，盖上"已执行"章，并在工作票登记簿内登记，然后将工作票收存。对于由调度部门或工区值班员许可的工作，上联工作票在得到工作负责人的工作终结报告后，即可在工作票"工作终结的报告"栏内，填上终结报告方式、时间、许可人姓名、工作负责人姓名后，此工作票即可盖"已执行"章，然后存档。

四、电力线路第二种工作票的执行规定

（1）电力线路第二种工作票的填写要严格按照电力线路第二种工作票的填写说明，对照线路接线图，现场设备具体情况及《国家电网公司电力安全工作规程（线路部分）》的有关规定认真填写。

（2）第二种工作票，对同一电压等级、同类型工作，可在数条线路上共用一张工作票。

（3）收工时工作负责人要清点人数和工具，无遗漏时再对现场进行再次认真检查，确认无问题后再通知调度值班员，方可撤离现场。然后由工作负责人应向工作票签发人汇报工作，交回电力线路第二种工作票。签发人认为无问题时，在工作票上盖"已执行"章,并在"工作登记簿"登记后将工作票存档。

五、电力线路工作票的保存

已使用过的电力线路第一种工作票、电力电缆第一种工作票、电力线路第二种工作票、电力电缆第二种工作票、电力线路带电作业票、电力线路事故应急抢修单保存期为一年。

【思考与练习】

1. 简述电力线路第一种工作票的使用范围。
2. 简述电力线路第二种工作票的使用范围。
3. 试述电力线路第二种工作票的执行规定。

模块 3 低压工作票的使用(TYBZ03109003)

【模块描述】本模块介绍低压第一种和第二种工作票的使用范围、不需停电进行作业的工作、低压第一种和第二种工作票的执行规定等内容。通过概念解释、步骤及要点讲解,掌握低压工作票使用的内容及要求。

【正文】

不论是低压线路、分支线路还是低压设备的停电工作均应使用低压第一种工作票。

凡是低压间接带电作业,均应使用低压第二种工作票。

刷写杆号或用电标语、悬挂警告牌、修剪树枝、检查杆根或为杆根培土等工作,可按口头指令执行。

已使用过的低压第一种工作票、低压第二种工作票应按月装订,保存期为一年。

一、低压第一种工作票的执行规定

(一)填写低压第一种工作票

可由工作负责人填写低压第一种工作票,对于大型或较复杂的工作,工作负责人填写工作票前应到工作现场进行实地勘查,根据工作现场实际情况制订安全、技术及组织措施。

(二)工作票签发人签发低压第一种工作票

工作负责人填写工作票并审查无误后交工作票签发人审核,工作票签发人审核无误后在一式两联工作票上签名,工作票签发人和工作负责人各持一联工作票,由工作票签发人按照所填内容逐项向工作负责人进行详细交代,工作负责人在认真核对确无问题后,工作票签发人方可将两联工作票发给工作负责人。

(三)送交和接收低压第一种工作票

工作票签发人应将已签发的工作票在开工前一天交给工作负责人,工作负责人在工作的前一天做好检修工作准备。工作负责人应将已签发的一式两联工作票在工作前一天送交工作许可人，工作许可人在接收工作票后要做认真审核，认为无问题后再根据工作票所填内容做好第二天的停电准备工作。

（四）完成保证安全工作的技术措施

1. 停电

工作地点需要停电的设备，应把所有相关电源断开，每处应有一个明显断开点。断开开关的操作电源，刀开关操作把手应制动。用户有自备电源的，应采取防反送电措施。

2. 验电

在停电设备的各个电源端或停电设备的进出线处，应用合格的相应电压等级的专用验电笔进行验电。验电前应先在带电设备上进行试验。检修开关、刀开关或熔断器时，应在断口两侧验电。杆上电力线路验电时，应先验下层，后验上层；先验距人体较近的导线，后验距人体较远的导线。

3. 挂接地线

经验明停电设备两端确无电压后，应立即在检修设备的工作点（段）两端导体上挂接地线。断开引线时，应在断开的引线两侧挂接地线。凡有可能送电到停电检修设备上的各个方面的线路都要挂接地线。

4. 装设遮栏和悬挂标示牌

（五）办理工作许可手续

工作负责人未接到工作许可人许可工作的命令前，禁止进行任何工作。工作许可人完成工作票所列安全措施后，应立即向工作负责人逐项交待已完成的安全措施。对临近工作地点的带电设备部位，应特别交待清楚。当所有安全措施和注意事项交代、核对完毕后，工作许可人和工作负责人应分别在一式两联的工作票上签字，由工作许可人写明工作开始时间，此时，工作许可人即可发出许可工作的命令。若工作票上的停电时间为跨日工作的，每天工作开始与工作终结，均应履行工作票中"工作开始和工作终结许可"手续，即每日完工，由工作负责人和工作许可人共同在工作票的工作开始和工作终结许可栏内签名，由工作许可人在工作开始和工作终结许可栏内填写终结时间，然后，工作许可人将工作负责人持有的工作票收回。次日工作开始前，工作许可人与工作负责人到工作现场对照工作票中所列安全措施重新检查，确认安全措施完整无误后，由工作许可人向工作负责人交代安全措施保留的带电部位及其他安全注意事项，当所有安全措施和注意事项交待、核对完毕后，工作许可人和工作负责人应分别在一式两联工作票的工作开始和工作终结许可栏上签字，由工作许可人填写工作开工时间后，将一式两联工作票中的一联工作票交给工作负责人，工作负责人方可开始工作。

工作负责人接到工作许可命令后，应向全体工作人员交待现场安全措施、带电部位和其他注意事项，并询问是否有疑问，工作班全体成员确认无疑问后，工作班每个成员应在工作票签名栏签名。

（六）工作监护和现场看守

工作期间，工作监护人应始终在工作现场，对工作人员的工作要认真监护，及时纠正违反安全的行为。工作负责人如需长期离开现场，则应办理工作负责人更换手续，更换工作负责人应经工作票签发人批准，并设法通知全体工作人员和工作许可人，履行工作票交接手续，同时在低压第一种工作票"需记录备案内容"栏或低压第二种工作票"备注"栏内注明。

（七）工作间断

在工作中如遇雷、雨、大风或其他情况并威胁工作人员的安全时，工作负责人可下令临时停止工作。如果属于临时工作间断时，工作地点的全部安全措施仍应保留不变，工作人员离开工作地点时，要检查安全措施，必要时应派人看守。如果属于填用数日内有效的低压第一种工作票，当日工作完毕次日再次开始工作的，线路所装设接地线等安全措施可以由工作许可人拆除，次日工作前重新设置。如果当日工作完毕，夜间需要恢复送电者，工作班应做好送电准备，工作许可人在拆除安全措施后恢复送电，次日工作开始前重新进行停电及设置安全措施。在工作间断时间内，任何人不准私自进入现场进行工作或碰触任何物件。恢复工作前，应重新检查各项安全措施是否正确完整，然后由工作负责人再次向全体人员说明，方可进行工作，如果工作人员有疑问应及时提出，应认真检查安全措施的完备性。每天工作开始与结束，均应在低压第一种工作票中办理履行许可与终结手续。每天工作结束后，工作负责人应将工作票交工作许可人，工作票由工作许可人保存。次日工作开始时，工作许可人与工作负责人履行完工作手续后，工作许可人再将工作票交还工作负责人。

（八）工作终结、验收和恢复送电

全部工作完毕后，在对所进行的工作实施竣工检查和内部验收后，工作负责人方可命令所有工作人员撤离工作地点，并检查工作人员确无物件遗漏在设备上防止设备送电时发生事故，由工作负责人向工作许可人报告全部工作结束。工作许可人接到工作结束的报告后，会同工作负责人到现场检查验收工作任务完成情况。经工作许可人与工作负责人验收确无缺陷和遗留的物件且工作质量合格，由工作许可人在工作票上填写工作终结时间，工作许可人与工作负责人双方在工作票上签名，工作票即告终结。工作票终结后，工作许可人即可拆除所有安全措施，然后恢复送电。

二、低压第二种工作票的执行规定

（1）低压第二种工作票的签发、工作许可的办理、工作监护、工作终结可参照低压第一种工作票的执行规定。

（2）低压第二种工作票的其他注意事项：

1）在低压间接带电作业中要求工作人员在进行间接带电作业时应穿着长袖衣服和绝缘鞋、戴绝缘手套，戴安全帽，使用有绝缘手柄的工具。

2）更换户外式熔断器的熔丝或拆搭接头时，应在线路停电后进行。

【思考与练习】

1. 简述低压第一种工作票工作间断的执行规定。

2. 简述低压第一种工作票中工作终结、验收和恢复送电的执行规定。

3. 试述低压第二种工作票的执行规定。

模块 4　工作票的管理规定（TYBZ03109004）

【模块描述】本模块介绍工作票的统计整理及保存、工作票检查、工作票考核等内容。通过要点讲解，掌握工作票管理规定的内容及要求。

【正文】

一、工作票的统计整理

已执行的、作废的工作票和未使用的工作票，应分别存放不得遗失。对于已执行及作废的工作票保存时间应为一年。生产班组应在每月规定日期前将上月工作票按顺序分类整理装订审核，做好班组工作票合格率的计算、工作票种类、工作票号码的统计，最后填写班组《月度工作票执行情况统计表》，由班组安全员、班组长分别审核签名后报送车间安全员。车间安全员应在每月规定日期前将生产班组报送的上月工作票按顺序整理装订审核，做好车间工作票合格率的计算、工作票种类、工作票号码的统计，最后填写车间《月度工作票执行情况统计表》，由车间安全员、车间负责人分别审核签名后，将车间《月度工作票执行情况统计表》报送供电公司安监部门，同时将工作票原始资料归档保存，以备检查。

二、工作票检查

生产班组每月要对本班组的工作票执行情况进行全面检查、统计、汇总、分析，指出存在问题和改进措施，对于工作票检查中发现的不合格项要提出班组考核意见。车间领导、安全生产管理人员要经常深入工作现场检查指导安全生产工作，车间主管运行、检修的工程技术人员和车间安全管理人员对已执行的工作票要进行检查，车间领导对已执行的工作票要进行检查，凡是对检查出的问题均应做好记录，提出改进措施，对于工作票检查中发现的不合格项要提出车间考核意见。供电公司领导、生技管理人员、安监管理人员要经常深入工作现场检查指导安全生产工作，按分工每月抽查车间已执行的低压工作票、变电工作票和线路工作票，抽查后均应在车间《月度工作票执行情况统计表》上签名，并指出问题，对于工作票检查中发现的不合格项要提出公司考核意见。

三、工作票的考核

（一）工作票考核

在填写和执行工作票过程中出现下列情况之一者为不合格项，要进行考核：

（1）工作票无编号、编号混乱或漏号。

（2）需办理工作票而未办理就开始工作。

（3）无票工作事后补票。

（4）一式两联工作票其上、下联编号不同。

（5）一个工作负责人手中有两张及以上工作票，或一个工作班成员在同一时间内参加两张及以上工作票的工作。

（6）工作地点、工作任务设备名称填写与现场不相符或填写的不明确，有遗漏，未使用设备双重编号。

（7）多个班组在同一份第一种工作票中工作，工作班组数与各班组负责人数不对应。

（8）未按规定填写工作班人员或填写的人员与实际不对应。

（9）计划工作时间、许可开始工作时间、工作终结时间、收到工作票时间等时间填错、时间未填写或与实际不符。

（10）工作票中工作票签发人、工作许可人、工作负责人、值班负责人未签名、代签名或签错名。工作票签发人兼任该项工作的工作负责人。

（11）停电范围未注明起、止杆号。

（12）安全措施不正确、不具体、不完善。如拉开的断路器、隔离开关不全，装设的接地线、遮栏、标示牌未注明装设地点或数量不足，填写的已装设接地线未注明编号等。

（13）工作现场布置的安全措施与工作票的填写内容、检修内容不相符。

（14）工作现场布置或拆除的安全措施与安全规定要求不相符。

（15）没有得到工作许可人许可开始工作命令就擅自开始工作。

（16）没有核对线路名称、杆号、色标就登杆工作。

（17）安全措施未布置就开始工作。

（18）工作地段未装设接地线就开始工作。

（19）工作票签发人、工作许可人填写工作票的内容不正确而延误开工时间。

（20）工作地点保留带电部分和补充安全措施未写明停电设备上、下、左、右第一个相邻带电间隔和带电设备的名称和编号。

（21）工作地段邻近、平行、交叉或同杆架设的带电线路，未注明带电设备或附图标明不清。

（22）工作许可人和工作负责人未按《国家电网公司电力安全工作规程》等相关规程的要求办理工作许可手续，检修人员已开始工作。

（23）转移工作地点时，工作负责人未向工作人员认真交待有关安全事项。工作终结时，未按要求将设备恢复到检修前状态。

（24）工作期间工作负责人未按要求将下联工作票随身携带。

（25）工作中因工作人员违反《国家电网公司电力安全工作规程 》而造成事故、障碍、重伤、轻伤。

（二）工作票的合格率计算要求

$$工作票合格率＝\frac{已执行正确的工作票份数}{应统计的工作票份数}×100\%$$

应统计的工作票份数是指包括已执行的和不符合《国家电网公司电力安全工作规程》等相关安全规程、规定所填写和执行的工作票份数。已执行正确的工作票份数，应当是从应统计的工作票份数中，减去不符合《国家电网公司电力安全工作规程》等相关安全规程、规定所填写和执行的工作票份数。

【思考与练习】

1. 试述工作票统计整理的要求。

2. 在填写和执行工作票过程中出现哪些情况就为工作票不合格项，就要进行考核，举例说明四种情况。

3. 试述工作票合格率计算要求。

参 考 文 献

[1] 山西省电力公司. 电力生产安全教育系列读本：电气、线路操作票及工作票. 北京：中国电力出版社，2001.

[2] 王晴. 电气设备与电力线路典型操作票工作票 200 例. 北京：中国电力出版社，2005.

[3] 劳动部培训司. 全国技工学校电工类通用教材：安全用电. 第二版. 北京：中国劳动出版社，1994.

[4] 白公. 职业技能培训用书：新编电工入门. 北京：机械工业出版社，2008.

[5] 刘绍域. 供配电安全生产技术速查手册. 北京：中国电力出版社，2005.

[6] 山西省电力公司. 电气安全工器具. 北京：中国电力出版社，2001.

[7] 张应立，张莉. 工业企业防火防爆. 北京：中国电力出版社，2003.

[8] 张应立，张莉. 焊接安全与卫生技术. 北京：中国电力出版社，2003.

[9] 李世林. 电气装置和安全防护手册. 北京：中国标准出版社，2006.

[10] 陈家斌. 电气作业安全操作. 北京：中国电力出版社，2006.

[11] 山西省电力公司. 焊接与高处安全作业. 北京：中国电力出版社，2001.

[12] 陆荣华. 电气安全手册. 北京：中国电力出版社，2006.

[13] 陈淑芳. 剩余电流动作保护装置安装和运行. 中国水利水电出版社，2006.